Simone Graßmann | Stephanie Raiser

KIDS &
KRÖTEN

W0173284

Simone Graßmann | Stephanie Raiser

KIDS & KRÖTEN

Wie du **familienkompatibel finanziell erfolgreich** wirst

FBV

Bibliografische Information der Deutschen Nationalbibliothek
Die Deutsche Nationalbibliothek verzeichnet diese Publikation in der Deutschen Nationalbibliografie. Detaillierte bibliografische Daten sind im Internet über http://dnb.d-nb.de abrufbar.

Für Fragen und Anregungen
info@m-vg.de

Wichtiger Hinweis
Ausschließlich zum Zweck der besseren Lesbarkeit wurde auf eine genderspezifische Schreibweise sowie eine Mehrfachbezeichnung verzichtet. Alle personenbezogenen Bezeichnungen sind somit geschlechtsneutral zu verstehen.

Originalausgabe
1. Auflage 2024
© 2024 by FinanzBuch Verlag, ein Imprint der Münchner Verlagsgruppe GmbH
Türkenstraße 89
80799 München
Tel.: 089 651285-0

Die im Buch veröffentlichten Ratschläge wurden von Verfasser und Verlag sorgfältig erarbeitet und geprüft. Eine Garantie kann jedoch nicht übernommen werden. Ebenso ist die Haftung des Verfassers beziehungsweise des Verlags und seiner Beauftragten für Personen-, Sach- und Vermögensschäden ausgeschlossen.

Redaktion: Claudia Franz
Umschlaggestaltung: Sonja Vallant
Umschlagfotos: Vivian Hampp
Grafiken Innenteil: Alina Trigo Cardoso
Satz: Zerosoft, Timisoara
Druck: CPI books GmbH, Leck
Printed in Germany

ISBN Print 978-3-95972-781-5
ISBN E-Book (PDF) 978-3-98609-523-9
ISBN E-Book (EPUB, Mobi) 978-3-98609-524-6

Wir produzieren
nachhaltig
www.m-vg.de

Weitere Informationen zum Verlag finden Sie unter

www.finanzbuchverlag.de

Beachten Sie auch unsere weiteren Verlage unter www.m-vg.de

INHALT

Vorwort
von Vicky Hannebauer 11

Prolog 15

TEIL I: DIE MAMA-ROLLE: BERUFLICHES ABSTELLGLEIS ODER DIE CHANCE? **25**

1. Das Leben VOR dem Mama-Dasein 27

2. Der Moment: Plötzlich Mama 32

3. Überleben als Mama mit Beruf 37

4. »Endstation Mama« und die gesellschaftliche Erwartung 43

5. Die Brille der anderen und Glaubenssätze ohne Ende 49

TEIL II: SCHRITT-FÜR-SCHRITT-ANLEITUNG FÜR DEINE NEUE ORDNUNG **55**

1. Warum das Durcheinander dir dient 57

2. Deine Kinder als stetiger Spiegel deiner Zufriedenheit 61

3. Deine Brille auf die Welt oder ich sehe was, was du nicht siehst 66

4. Innere Ordnung = äußere Ordnung 71

5. Der heimliche Chef in dir: dein Unterbewusstsein 76

6. Vom Trampelpfad zur Autobahn – Neuroplastizität oder das Wunder Gehirn 86

7. Wie du durch deine innere Haltung deinen JETZT-Zustand positiv verändern kannst 90

8. Dankbarkeit als Türöffner 95

9. Bring Licht ins Dunkle oder der Sinn von Vergebung 99

10. Wie geht's denn jetzt easy? 104

11. Überlebensmodus versus Schöpfermodus 109

TEIL III: WIE DU DEIN DING FINDEST 119

1. Knoten in den Kopf denken oder wie geht's leichter? 121

2. Gibt es so was wie eine Bestimmung? 130

3. Wie du nie wieder »arbeiten« musst 133

4. NIE wieder Zeit gegen Geld tauschen 136

TEIL IV: ... UND DAMIT NICHT AUF DIE SCHNAUZE FLIEGST 139

1. Warum wir uns selbst so oft im Weg stehen 141

2. Dramalama-Baby 147

3. Auch Biene Maja hat Hater 151

4. Vertrauensvorschuss in dein neues ICH 155

5. Von der unbewussten Kompetenz zur bewussten Kompetenz 158

6. Hinter der Angst liegt dein größtes Potenzial 161

7. Warum du immer recht behalten wirst 165

8. Finde dein WARUM 167

9. Und wie macht MAN das? 171

TEIL V: DIE ERFOLGSFORMEL FÜR SELBSTSTÄNDIGE 179

1. Wie Selbstständigkeit in SICHER geht 181

2. Lieber unperfekt gestartet, als perfekt gewartet 190

3. Fokus: Viele Köche verderben den Brei 193

4. ABC-Ziele oder warum du mit weitem Blick mehr erreichst 200

5. Der Preis ist heiß.. 205

6. Geld-Mindset.. 214

7. Kundengewinnung statt verkaufen.. 222

8. Du kannst nicht NICHT kommunizieren... 235

9. Lasset sie zu mir kommen.. 244

10. Reich und sexy: Macht Geld glücklich?....................................... 250

11. Zielidentität als neues NORMAL (SEIN – TUN – HABEN)............... 253

12. Die Waagschale des Erfolgs 259

13. Der Durchbruchsmonat oder 3 Erfolgsbeschleuniger.................. 263

14. Kids & Kröten.. 267

Doppelt hält besser
Schlusswort von Stephanie Raiser... 269

Danksagungen.. 275

Anmerkungen 277

Werde die nächste Millionärin von nebenan 281

*Für Samuel, Joshua und Jacob und alle kleinen Kinder,
die unsere Welt durcheinanderbringen, damit wir anfangen
können, NEU zu denken.*

VORWORT

VON VICKY HANNEBAUER

*I*ch renne von früh bis spät. Zwei Kitakinder, das dritte im Bauch, Teilzeit Bürojob mit locker einer Stunde Fahrzeit – one way! Eine wahre Kinderlogistik ist jeden Tag nötig, um alles unter einen Hut zu kriegen. Wer bringt sie montags? Wer holt sie dienstags? Wo am Bahnhof parkt morgens mein Mann das Auto, damit ich es am Nachmittag mit den Kindern wieder benutzen kann? Ich hab eigentlich nur auf den Tag gewartet, wo wir beide spät allein nach Hause kommen und uns gegenseitig panisch fragen: »Wolltest du nicht heute die Kinder holen?!«

So oder so ähnlich geht es doch so vielen Müttern: Wir tauschen Lebenszeit im Büro, gegen Gehalt am Ende des Monats. Da der Tag nur 24 Stunden hat, endet Stundenaufstockung nur in einer noch größeren Hetzerei. Mehr Geld also scheinbar ein Ding der Unmöglichkeit.

In meiner über zehnjährigen Erfahrung mit tausenden Familien und ihren Herausforderungen im Alltag, wiederholt sich ein Szenario immer wieder: Jeder Tag ist hektisch, Schuldgefühle und Schuldzuweisungen sind Dauerbegleiter, jedes Elternteil denkt, es würde mehr machen, Mütter fühlen sich häufig mental unterfordert, aber körperlich überfordert. Stress, Streit, Schimpfen sind schon mehr Alltag als Ausnahme.

Wer leidet also paradoxerweise mit am meisten unter dem Job, dessen Gehalt ein schönes Familienleben ermöglichen sollte? Erschreckenderweise die Kinder. Und die Eltern-Kind-Beziehung gleich mit. Viele Wutanfälle und Krisen zu Hause ließen sich vermeiden, wenn Mama und Papa einen WIRKLICH familienkompatiblen Job hätten. Noch weniger Stunden arbeiten und noch mehr Geld auf dem Konto: das wäre wahrlich eine Entlastung für so viele Familien.

Genau das ist der Grund, warum ich dieses Buch aus vollem Herzen empfehle. Simone ermöglicht es, alles unter einen Hut zu bringen: Zeit für dich und deine Familie. Erfüllung im Beruf. UND Geld auf dem Konto. Denn einfach nur mehr und härter arbeiten – ja, das kennen viele. Ist aber entweder nicht für BEIDE Elternteile organisierbar. Und WOLLEN tun das sowieso die wenigsten. Also »bezahlen« sie es mit weniger Geld.

Das ist es, was ich als Expertin für beziehungsorientiertes Elternsein an Simone besonders schätze: sie hat wie ich im Blick, dass nicht unsere Kinder den Preis zahlen. Das Business muss und soll zum Familienalltag passen!

In Simones Arbeit geht es immer um das Win-Win-Win für die GANZE Familie: Mama präsent als Mutter UND erfolgreich als Businessfrau. Papa kann es sich endlich leisten, seine Arbeitszeit dauerhaft zu reduzieren und ist dadurch viel integrierter ins Familienleben. Und natürlich die Kids, deren Bedürfnisse endlich den Raum bekommen, den sie wirklich brauchen, weil Mama und Papa tatsächlich Zeit – und die Nerven! – haben, hinzuhören und zu begleiten. Und das ist es, was dieses Buch und Simones Ansatz so einzigartig macht!

Da sie selbst Mutter von drei kleinen Kindern ist, kennt sie die Ängste, das schlechte Gewissen und den gesellschaftlichen Druck, die uns Mütter immer wieder klein halten. Es ist immer wieder faszinierend zu sehen, mit wie viel Kompetenz und Zuversicht Simone ihre Kunden durch all ihre inneren Barrieren begleitet und diese transformiert. Oder ihnen an der richtigen Stelle auch gerne mal kurz den Kopf wäscht, wenn der wieder »abhaut«. Wo andere nur Zweifel und Probleme haben, sieht sie direkt Möglichkeiten und geht über zur Lösung.

Ich persönlich möchte Simones Zugewandtheit, Geduld und feines Gespür für den nächsten Schritt in meinem Leben keinesfalls mehr missen.

Und was mir als Expertin für Familien & Kinder besonders gefällt, ist, welches Geschenk Simones Kundinnen ihren Kindern machen: wenn sie als Mütter ihren Kids vorleben, dass es sich lohnt, an sich zu glauben, in die eigenen Fähigkeiten zu investieren und mutig für die Dinge loszugehen, die uns zutiefst glücklich machen!

Denn wie häufig sagen wir zwar immer »Glaub an dich! Du schaffst das!« Und wie viel Wert bekommt dieser Satz, wenn Kinder sehen, dass wir ihn selbst LEBEN und vorleben?

Das erschafft ein tiefes Selbstvertrauen, das unseren Kindern hier in die Wiege gelegt wird. Und es erschafft Grundwerte, die sie später zu empathischen und selbstbewussten Erwachsenen werden lassen. Ist es nicht genau das, was wir uns alle für unsere Kinder wünschen? Mit diesem Buch kannst du heute dafür den ersten Schritt gehen. Für dich. Und für deine Familie.

Deine Vicky Hannebauer
Expertin für beziehungsorientiertes Elternsein

PROLOG

Kennst du die Geschichte *Momo* von Michael Ende? Dort gibt es die »grauen Herren«, die für die Zeitsparkasse arbeiteten. Die grauen Herren versuchten, die Menschen dazu zu bringen, Zeit zu sparen, um sie ihnen später dann verzinst wiederzugeben. In Wahrheit war es aber ein gemeiner Betrug, denn sie rauchten die Zeit in ihren Zigarren auf, die sie am Leben hielten. Das bemerkten die Menschen aber nicht, denn sie waren so darauf versessen, noch mehr Zeit für später zu sparen, dass sie völlig vergaßen, im Jetzt zu leben und das Schöne zu genießen.

Das Bild der blind gewordenen Menschen, die am Jetzt vorbeileben, aus Angst, für später nicht mehr genug Zeit zu haben, könnte vermutlich nicht aktueller sein. Menschen, die nur noch von Termin zu Termin hetzen und sich kaum erlauben, mal durchzuschnaufen. Menschen, die sich zurückhalten, ihr Licht unter den Scheffel stellen, sich nicht trauen, für sich einzustehen. Bloß nicht auffallen. Nicht aus der Reihe tanzen und bis zum sicheren Tod überleben. Dass sie dabei ihr Leben verpassen, ist ihnen gar nicht bewusst.

In wie vielen Situationen in meinem Leben ertappte ich mich dabei, mir selbst der graue Herr aus Momo zu sein. Wie oft betrog ich mich darum, im Hier und Jetzt zu leben, und verpasste dabei kostbare, schöne Lebenszeit.

»Hoffentlich ist das Wochenende schnell vorbei und ich kann die Kinder wieder in die Betreuung schicken!« Ich erschrak vor meinem eigenen Gedanken. Das bin doch nicht ICH – der Familienmensch!

»Wenn die Kinder mal aus dem Gröbsten raus sind, dann bin ich wieder dran!« Sagen wir mal in 20 Jahren oder was genau heißt »aus dem Gröbsten raus«?

»Wenn er erst mal laufen und sprechen kann, wird es viel einfacher. Können Kinder nicht einfach mit zwei Jahren auf die Welt kommen?« Oder doch lieber erst NACH der Autonomiephase oder vielleicht sogar nach der Pubertät? Aber sicher.

»Ich habe gar kein eigenes Leben mehr.« Mein inneres Drama war in vollem Gange.

Ich war gefangen im Trott des Alltags und des Funktionierens einer Mama. Hetzte von einem Termin zum nächsten. In der Zeit daheim ertappte ich mich oft dabei, mich mit dem Handy neben dem spielenden Kind zu beschäftigen oder mich vom Mittagschlaf zum Abendschlaf zu hangeln. Beruflich geparkt auf dem Abstellgleis und stetig auf der Suche nach irgendeiner Lösung, die dieser Unzufriedenheit Abhilfe schaffen könnte.

»Irgendwann wird es schon besser!« Wie oft habe ich gar nicht gemerkt, dass meine selbst gewählte Illusion dazu führt, dass ich Zeit aufspare und vergesse, im Jetzt zu sein und zu handeln.

»Es ist nicht zu wenig Zeit, die wir haben,
sondern es ist zu viel Zeit, die wir nicht nutzen!«

LUCIUS ANNAEUS SENECA

Ich möchte mit diesem Buch aufrufen, das JETZT zu nutzen. Ja, auch als Mama – GERADE als Mama. Vielleicht geht es dir ja wie mir: Denn ich liebe es, Familie zu haben, Mama zu sein und Zeit mit meinen Kindern zu verbringen. Und ich will auch genauso mein Ding rocken, beruflich erfolgreich sein mit dem, was mir Spaß macht. Ich bin nicht NUR Mama!

In diesem Buch möchte ich abrechnen mit alten Glaubensmustern, dass Familie und richtig erfolgreich sein sich ausschließen und dass du nur lang genug aushalten musst, bis »dein Leben wieder beginnt«. Denn das stimmt nicht. Ich selbst bin ein lebendes Beispiel für einen ganz anderen Weg, der Familie und Erfolg vereint. Ich möchte dir hier zeigen, wie ich meinen Weg zu einer familienkompatiblen Unternehmerin gegangen bin, und dir alles an die Hand geben, was dir helfen könnte, mir dorthin zu folgen.

Vielleicht ist das eine oder andere, was ich schreibe, eher unkonventionell. Mit Sicherheit sogar. Das hat damit zu tun, dass mein Weg auch eher unkonventionell ist. Und genau darum geht es – über den Tellerrand zu schauen, zu hinterfragen und neu zu wählen. Alte Denkmuster und »So macht MAN das«-Phrasen zu erkennen und dich und deinen Weg neu zu definieren.

Wie oft dachte ich in Schubladen und erlaubte mir nicht, Dinge für mich auszuprobieren, weil ich schon eine Vorannahme hatte, dass es auf eine ganz bestimmte Art und Weise abläuft. Ich aus Angst dann lieber dort verharren wollte, wo ich jetzt stehe, anstatt alle Vorurteile über den Haufen zu werfen und mutig voranzugehen. Dieses Aufsparen von Zeit, dieses Schwarz-Weiß-Denken und Warten auf entspanntere Zeiten. Sorgen auf Vorrat. Wie schnell dabei die Uhr abläuft, siehst du, wenn du deine Kinder anschaust. Ich war irgendwann nicht mehr bereit, weiter zu warten, bis ich wieder mehr Zeit habe. Denn wann ist das denn ... nächstes Jahr, nach Weihnachten, wenn die Kids in Betreuung sind, der nächste Sommer kommt oder gar die Schulzeit vorbei ist?

Die Illusion, dass sich mein Leben erst mal im Außen verändern muss, bis ich wieder so richtig durchstarten kann, ist nichts anderes als der Betrug der grauen Herren der Zeitsparkasse. Es wird nicht passieren. Irgendwas ist immer. Und so schiebt sich alles weiter und weiter in die Zukunft, bis es nicht mehr stattfindet.

Wie oft machte ich mich kleiner, als ich bin, hielt mich zurück und in mir brodelte eine große Sehnsucht, mein volles Potenzial auszuschöpfen. Ich hatte den enormen Drang nach beruflicher Erfüllung und Erfolg. Nach der Geburt unseres ersten Sohnes hatte ich das Gefühl, das nicht mehr haben »zu dürfen«. Ich versuchte, das Brodeln in mir zu beruhigen. Aber meine Unzufriedenheit wuchs. Ich wollte mich nicht mit einem halbgaren Teilzeitjob zufriedengeben. Ich wollte nicht das Gefühl haben, zurückzustecken und intellektuell unterfordert nur noch für die Familie da zu sein. Ich wollte einfach nicht glauben, dass es für mich nicht möglich ist, beides zu haben: entspannte Zeit mit der Familie UND beruflich so richtig erfolgreich sein. Ich war nicht bereit, mein Licht unter den Scheffel zu stellen und hinzunehmen, dass dafür gerade kein Platz in meinem Leben war.

Wie leicht passiert aber genau das, weil wir so wenige Vorbilder haben, die es anders machen. Weil wir ja um uns herum fast ausschließlich folgendes Konzept sehen: Karriere machen ist passé, sobald die Familie da ist. Teilzeit ist an der Tagesordnung und damit ein gefühltes Downgrade der Verantwortung und Erfüllung im Beruf. ODER ein verdammt großer Hussle, die Karriere aufrechtzuerhalten UND mit der Familie unter einen Hut zu bekommen. Puls auf 180 und alltäglicher Dauerstress. Hand aufs Herz, bleiben da genug Zeit und Ruhe, Verständnis für dein Kind während des Wutanfalls zu haben?

Wie schnell fühlte ich mich dann schlecht als Mama. Zerrissen zwischen dem Drang, etwas für mich zu tun, UND genug Zeit und Geduld für die Familie zu haben. Ich wollte die beste Mama der Welt für unsere Kinder sein und geriet so oft in Situationen, in denen ich meine eigene Unzufriedenheit an unseren Kindern ausließ. Spätestens da wurde mir klar, dass sich etwas ändern muss. Dass ich genau dazu nicht mehr bereit bin. In meinem Umfeld gab es keine direkte Lösung. Ich fand niemanden in meinem Bekanntenkreis, an dem ich mich orientieren konnte. Also musste ICH etwas ganz anders machen.

ICH BIN NEUE WEGE GEGANGEN, DIE MICH AUS MEINER SACKGASSE GEFÜHRT HABEN. UNKONVENTIONELL UND UNGEWOHNT.

Daher könnte es sein, dass während des Lesens in dir hin und wieder ein »JA, ABER ...« auftaucht. »So kann man das doch nicht machen!« Ich möchte dich einladen, das kurz zu ignorieren und dich auf das einzulassen, was ich dir zu sagen habe. Es hat alles Hand und Fuß. Vielleicht lohnt es sich, meinen Gedanken zu folgen und mal etwas anders zu machen. Das »So macht MAN das!« zu hinterfragen, wenn es dich noch nicht dorthin gebracht hat, wo du hinwillst.

Ich vermute, dass du dieses Buch jetzt liest, hat damit zu tun, dass du etwas verändern möchtest: an deiner Situation, deinem Beruf oder deiner Einstellung. Vielleicht auch an allen drei Dingen. Menschen verändern sich in der Regel aufgrund zweier Motivationen: Schmerz oder hohe Ziele. Vielleicht auch beides. Bei mir war es der Schmerz UND das hohe Ziel. Ich wünsche dir, dass du nicht so lange wartest, bis dein Schmerz so groß ist und du vielleicht eher das hohe Ziel wählst.

*»Irgendwann musst du dich entscheiden,
ob du nur die eine Seite umblätterst
oder ein ganz neues Buch anfängst.«*

Unbekannt

Denn das Leben ist zu wertvoll, dich zurückzustellen und zu warten, bis es irgendwann wieder Zeit für dich und deine Erfüllung gibt. Es ist zu kurz, um deine Zeit mit Unzufriedenheit zu verschwenden. Es ist zu wichtig, dass du deinen Kindern ein Vorbild bist und selbst genau das vorlebst: Eine Mama, die erfüllt und liebevoll sich selbst UND die Familie an erste Stelle setzt. Aber fangen wir von vorne an.

Ich bin Simone und Mama von drei Jungs. Erfüllt und erfolgreich.

Mein Leben vor den Kindern war geprägt von beruflicher Selbstverwirklichung. Ich habe meine Arbeit einfach geliebt. Eine wundervolle kleine Nische: Ich war Bühnen- und Kostümbildnerin am Theater. Selbstständig und immer »on the road«. Ich war deutschlandweit in allen möglichen Theatern – kleine und große Bühnen. Es war eine schlichtweg geile Zeit. Und ich war gut, sehr gut. Ich habe die tollsten Entwürfe gezaubert und sie gemeinsam mit den Werkstätten vor Ort umgesetzt. Zusammen mit meinem Stammregisseur André bin ich nach den Proben noch in der Kneipe versumpft oder wir sind auf Premierenpartys durch die Nacht getanzt. Wir hatten verrückte Ideen und setzten sie um. Wir spielten im Stuttgarter Hauptbahnhof *Hamlet* oder setzten das Große Haus in Wiesbaden unter Wasser. Wir sackten Preise ein, wurden mit *Die schmutzigen Hände* von Sartre Hessens bester Regisseur und beste Bühnen-und Kostümbildnerin und gaben Interviews in Zeitungen und Fernsehen. Wir verbrachten Tage und Nächte im Theaterraum. Wir zauberten, wir bekamen Standing Ovations und wir wurden immer wieder gebucht. Wir hatten richtige Fans. Es war eine wilde und grandiose Zeit.

Doch verdient habe ich gerade mal so viel, dass ich davon leben konnte. Das war mir auch herzlich egal, denn es machte Spaß! Und ich konnte ja schließlich davon leben. Wer braucht schon mehr Geld?

Und dann kam plötzlich das Leben dazwischen. Tim und ich beschlossen eine Familie zu gründen. Als unser erster Sohn geboren wurde, änderte sich mit einem Schlag unser ganzes Leben – auch mein berufliches. Und: Ich wollte es nicht wahrhaben. Es ging mit einem Kind ja auch noch. Ich nahm es einfach mit. Und meine Eltern auch. Als Babysitter. So waren wir eben zu viert unterwegs. Wieder durch ganz Deutschland. (Danke, Mama und Papa, dass ihr da selbst so Bock drauf hattet!) Nur wurde es mit den Abendproben schon etwas schwieriger für mich. Ich merkte, wie es an mir zerrte. Das weinende Kind in der Theaterwohnung, das lieber mit Mama einschlafen möchte, und mein Wunsch und Drang, an der Abendprobe teilzunehmen. Hinzu kam, dass der Aufwand sich immer weniger »lohnte«, denn ich musste nun ja eine größere Wohnung in der jeweiligen Stadt anmieten und konnte mir nicht mehr wie früher mit meinem Regisseur André eine Theater-WG teilen.

Ich ertappte mich dabei, dass mir das Geld nicht mehr so egal war. Zukunftssorgen und die dazugekommene Verantwortung für unseren Sohn hielten mich oft nachts wach. Wollen wir dauerhaft nur mit dem Einkommen meines Mannes leben? Was, wenn wir immer wieder sagen müssen: »Nein, dafür haben wir kein Geld!« Oder: »Den Urlaub können wir uns nicht leisten!« Und was, wenn unser Geld nicht mal für eine Wohnung mit Kinderzimmer reicht? Mir wurde immer klarer, dass ich das so nicht dauerhaft leben konnte und wollte. Weder für mich noch für meine Familie.

Ich begann, mich mit Alternativmöglichkeiten zu beschäftigen. Ein zweites Standbein sozusagen. Und da ich mich schnell und wissbegierig in neue Themen einarbeiten kann, fiel es mir nicht schwer, alles Mögliche zu starten. Ich kann technische Zeichnungen anfertigen – also vielleicht in einem Innenarchitekturbüro starten? Ich kann fotografieren – also als Hochzeitsfotografin anfangen? Aber ALLES war am Ende ein mieser Tausch von Zeit gegen Geld. Und Zeit hatte ich nur begrenzt. Also kam Geld am Ende auch nur begrenzt raus. Verdammt! Ich wollte neben Geld aber auch die Erfüllung. Also machte ich weiter am Theater. Reiste mit Kind und Kegel.

Als unser zweiter Sohn geboren wurde, nahm die Komplexität, einen Probezeitraum am Theater zu koordinieren, ihren Höhepunkt an. Während ich mit dem Baby und meinen Eltern wieder in irgendeiner Theaterwohnung saß, unterstützten meine Schwiegermutter – abwechselnd mit meinem Schwiegervater – meinen Mann Tim mit unserem Sohn zu Hause, brachte ihn zur Kita und holte ihn ab. Meine Einnahmen hätten uns als Familie nicht gereicht. Also musste Tim auch Vollzeit arbeiten und konnte nur begrenzt abfangen, dass ich so viel unterwegs war.

Es zerriss mich. Ich konnte weder meinem Job noch meiner Familie gerecht werden. Ich fühlte mich egoistisch. Ich wollte meinen Beruf auf Biegen und Brechen nicht vollständig aufgeben. So lange hatte ich dafür gekämpft, dort hinzukommen. So viel Zeit und Durchhaltevermögen hatte ich an den Tag gelegt, um mir diese tollen Aufträge zu erarbeiten. Das Theater war mein Leben. Ein großer Teil meines Lebens zumindest. Dennoch war ich inzwischen bereit, mich nach Alternativen umzusehen. Ich fand aber einfach nichts Besseres. Etwas das familienkompatibel ist und gleichzeitig auch genug Geld abwirft. Und Erfüllung bringt.

Und da saß ich also im Theater und meine Gedanken waren bei meinen Kindern. Mir verging die Freude. Es fühlte sich nur noch schwer an. Ich kam mir vor wie die schlechteste Mutter aller Zeiten, die ihre Kinder abschiebt, um beruflich etwas zu tun, das ihr Spaß macht. Dabei war dieser Spaß inzwischen fast vollständig verpufft. Ich hing orientierungslos in der Luft und suchte nach irgendeiner Idee, die sich RICHTIG und nach MIR anfühlt.

Im Juli 2019 zog ich die Reißleine und setzte alles auf null. Ein guter Zeitpunkt, denn wir zogen gemeinsam von Berlin nach Konstanz. ALLES NEU.

Nur vier Jahre später sitze ich in einem wunderschönen Architektenhaus am Kamin – 50 Meter Luftlinie zum Bodensee – und habe im ersten Geburtsjahr meines dritten Sohnes eine Viertelmillion Einnahmen mit meinem eigenen Business gemacht. Bei gerade mal 10 bis 15 Stunden Arbeit pro Woche.

Erfüllt, familienkompatibel und erfolgreich? Aber so was von! Wie es dazu kam, was ich verändert habe und wie auch du das schaffen kannst, erzähle ich dir in diesem Buch.

Es ist für mich eine große Ehre, dass du diese Zeilen liest. Vielleicht kennen wir beide uns nicht. Sehr wahrscheinlich sogar. Und es verbindet uns doch so einiges: Wir sind beide Mamas. Wir wollen beide neben dem Mama-Dasein einen erfüllten Beruf. Wir haben beide Bock auf richtig erfolgreich UND Bock auf richtig entspannte Mama-Zeit. Wir sind nicht ENTWEDER ODER. Wir sind UND. Und wir wissen, dass es möglich ist. Zumindest ahnst du es schon. Ich wiederum weiß es inzwischen. Nur darin bin ich dir voraus. Ansonsten bin auch ich eine ganz normale Mama, die sich auf den Weg gemacht hat. Die über die

Persönlichkeitsentwicklung zu weit mehr Potenzial kam, als sie es sich je hat träumen lassen. Du und ich – wir sind uns sehr ähnlich. Ich bin einfach nur früher losgegangen und kann dir nun die Abkürzungen zeigen.

Ich wünsche mir sehr, dass dich dieses Buch ermutigt und dir neue Perspektiven aufzeigt. Und damit du direkt neue Ergebnisse in deinem Leben hast, ist es als »Mitmach-Buch« geschrieben. Du erhältst von mir in vielen Kapiteln Übungen und Hinweise zu weiteren Hilfestellungen im Mitgliederbereich von www.kidsundkroetenbuch.de. Nutz es!

Vielleicht bist du hin und wieder so im Lesen drin, dass du gar nicht sofort innehalten und die Übungen Schritt für Schritt umsetzen möchtest. Das ist in Ordnung. Lies das Buch erst mal durch, nimm es dir dann sozusagen als Workbook erneut vor und gehe noch einmal alles nacheinander durch. Setze die Übungen und Impulse um. Du wirst sehen: Es wird deine ganze Welt neu »sortieren«, vielleicht sogar deine Sicht auf so manche Dinge so sehr verändern, dass du unmittelbar Auswirkungen in deinem Alltag siehst. Ich freue mich auf deine Aha-Momente. Ich freue mich auf deine neue Perspektive. Ich freue mich auf deinen Mut. UND: Ich freue mich auf deinen Erfolg!

Viel Spaß!
Deine Simone

TEIL I

DIE MAMA-ROLLE: BERUFLICHES ABSTELLGLEIS ODER DIE CHANCE?

1
DAS LEBEN VOR DEM MAMA-DASEIN

Jetzt verrate ich dir was: In meinem Leben VOR den Kindern hatte ich den heimlichen Wunsch, Zwillinge zu bekommen. Ganz im Ernst. So, wie in diesen Werbeprospekten für Kinderkleidung. Ein gutaussehender Mann (hab ich!), die knackige und wunderschön frisierte Frau (ich natürlich!) und zwei zuckersüß lächelnde Zwillinge. Ein Junge. Ein Mädchen. Alles farblich aufeinander abgestimmt. Pastelltöne und ein paar freche Aufdrucke auf den Shirts. Harmonie pur. Die Sonne scheint. Der Mann legt der Frau die Hand auf die Schulter. Sie lächelt ihn an. Sind sie nicht zauberhaft – unsere Kinder! So oder so ähnlich ...

Gute Laune, liebevoller Umgang. Das pure Glück. Eine Bilderbuchfamilie. Und Zwillinge waren in meiner Vorstellung das Sahnehäubchen.

Zum Glück lief alles anders, sonst säße ich nun da, mit dauergrinsenden Zwillingen und einer künstlichen Schablone einer Familie, die alles andere ist als das echte Leben. Denn DAS läuft, wie wir beide wissen, so ganz anders ab als dieses Abbild aus dem Werbeprospekt.

Aber ja – ich war damals schon etwas grün hinter den Ohren. Also zumindest kommt es mir HEUTE so vor. Wie wenig ich doch vom Kinderhaben wusste. Was für ein romantisch verklärtes Familienbild ich hatte. Wie einfach und unkompliziert meiner Meinung nach alles war. Kind und Kegel. Hätte ich es damals beschreiben sollen, wären wir vermutlich als Familie in Zeitlupe und mit rosaroten Wolken im Hintergrund über eine Wiese getanzt. Ich hatte nicht den blassesten Schimmer, was es bedeutet, eine Familie zu haben.

Und es ist wundervoll Kinder zu haben. Um keinen Preis der Welt würde ich meine drei Jungs hergeben. Ich liebe es, Familie zu haben. Keine Frage. Dass es aber erst mal einen riesigen Sturm in mein Leben brachte, das hatte ich in dem Ausmaß nicht erwartet. Ich bin ganz ehrlich: Ich habe es schlichtweg unterschätzt.

Ich hatte keine Vorstellung davon, was Schlafmangel wirklich bedeutet. Mir war nicht klar, dass sowohl Mama als auch Kind das Stillen erst mal lernen müssen und dass es nicht automatisch funktioniert, dass ein grüner (und nicht roter!) Becher einen Weltuntergang bedeuten kann und dass das Zähneputzen der Endgegner ist. Ich wusste einfach nicht, dass das Kind um 16:30 Uhr bloß nicht mehr einschlafen darf, welche Auswirkungen ein zu langer Mittagschlaf hat und dass es Stunden dauern kann, bis die Maus bereit ist, die Gummistiefel bei Schnee gegen Winterstiefel zu tauschen. Ich hatte einfach von Tuten und Blasen keine Ahnung.

Es gab ja auch keinen Grund. Ich beschäftigte mich eher mit der Abendplanung am Wochenende: Wollen wir ins Kino oder ins Restaurant? Mal wieder ins Theater? Oder Freunde zum Kochen einladen? Wonach ist uns heute? Der neuen Bar um die Ecke? Völlig egal, ob wir an dem Abend noch irgendwo versacken. Schließlich ist Wochenende. Und am Wochenende können wir ausschlafen ... Kurz muss ich lächeln bei diesem Satz. So seltsam weit weg fühlt sich dieses »alte« Leben an.

Ja – es war voller Selbstbestimmung. Ausschlafen, Spontanität, Erholung, Kultur ... So unbeschwert. Gefühlt. So leicht. Gefühlt. So sorgenfrei. Gefühlt. Und du und ich, wir wissen, dass unser Blick darauf jetzt etwas verklärt ist. Egal. Irgendwo kommt die Sehnsucht ja her, es verklärt zu sehen.

SAGEN WIR MAL GANZ DIPLOMATISCH: ES WAR DAMALS EINFACH ANDERS.

Ich war in jedem Fall sehr frei. Ich trug für mich die Verantwortung. Und das war's. Ich konnte ohne groß nachzudenken Entscheidungen treffen und unternehmen, wonach mir der Sinn stand. Ich musste mich ja ausschließlich um mich kümmern. Okay, in der Partnerschaft, dann um uns zwei. Das war's.

Auch wenn ich um mich herum schon Freunde mit Kindern hatte, sah ich ja immer nur einen sehr kleinen Ausschnitt des Lebens mit Familie. Ich bekam meist nur die harmonischen Momente mit. Kurze Snapshots des Alltags. Zusammen im Sand Matschburgen bauen, ein Eis essen gehen oder eine Runde mit dem Kinderwagen joggen. Beim abendlichen Wutanfall war ich ja schon längst wieder zu Hause. Natürlich war ich nicht naiv und mir war durchaus bewusst, dass es auch anstrengend ist. Dass es aber SO anstrengend ist, dass es SO viel durcheinanderbringt und gefühlt ALLES auf den Kopf stellt, hätte ich mir nicht träumen lassen.

Unser Bild der »Familie« ist geprägt aus eigenen Kindheitserfahrungen, Beobachtungen anderer und idealen Vorstellungen – nicht zuletzt aus den Medien. Wir haben den Blick einer Person, die diese Erfahrung NOCH nicht selbst gemacht hat. Und dennoch haben wir unsere eigene Meinung dazu gebildet.

Vermutlich hätte ich aus heutiger Perspektive so einiges anders bewertet. Schlaf in jedem Fall viel mehr wertgeschätzt. Sicher hätte ich auch das eine oder andere Mal rücksichtsvoller und aufmerksamer einer Mama mit zwei schreienden Kleinkindern und überladenem Einkaufskorb den Vortritt an der Kasse gelassen. Ich hätte ein anderes Verständnis für die Mutter eines Kindes, das sich vor Wut vor der Eisdiele auf den Boden schmeißt. Und ziemlich sicher würde ich auch nicht mehr neben einem Kinderwagen, in dem ein Neugeborenes schläft, laut nach meinem Hund rufen.

Auf den Punkt gebracht hat sich mein Blick innerhalb kürzester Zeit um 180 Grad verändert:

Vor dem ersten Kind waren Zwillinge einfach NUR süß. Nach dem ersten Kind wären Zwillinge für mich der blanke Horror gewesen. Zwei Kinder gleichzeitig stillen – wie viele Arme braucht man dazu? Ich ziehe den Hut vor jeder Zwillingsmama. Es ist mir ein Rätsel, wie das erste Jahr als Mama von Zwillingen überlebbar ist. UND: Ich kenne es ja nicht. Es wird gehen und bestimmt auch viele schöne Seiten haben. Garantiert. Es ist sicherlich sehr besonders. Vermutlich stürmisch. Aber genauso schön. ICH kann es mir nur nicht vorstellen, weil ich diese Erfahrung noch nicht gemacht habe.

Es ist doch verrückt, wie sich die Sicht mit der eigenen Erfahrung verändert. Mit welcher Haltung, welchen Werten und Gedanken ich früher so durchs Leben spaziert bin. Ich. Du. Wir alle. Die Wahrnehmung, das Denken, das Handeln war DAMALS einfach anders. Die Möglichkeiten, die ich gesehen habe, meine Perspektive, wie ich Situationen bewertet habe, meine Aufmerksamkeit, mein Fokus. Alles anders. Aufgrund meiner BISHERIGEN Lebenserfahrung. Ist ja klar.

Was ich damit sagen möchte:

**WAS DU UM DICH HERUM WAHRNIMMST
UND WIE DU DEINE UMWELT
BEWERTEST, HAT ENORM VIEL MIT
DEM ZU TUN, WAS DU SELBST SCHON
KENNST UND ERFAHREN HAST.**

Dass unser Blick von heute auf das Leben von damals so scharf werden kann, liegt daran, dass wir einen dicken fetten Erfahrungsschatz mehr auf der Uhr haben. Dieser Erfahrungsschatz lässt uns vor allem eins werden:

BEWUSSTER, WAS ZEIT UND FOKUS ANGEHT.

Ein großes Geschenk, wie du hier noch erfahren wirst.

2

DER MOMENT: PLÖTZLICH MAMA

*H*alt, nicht alle gehen! Wie geht das denn jetzt? Lasst mich nicht alleine. Ich hab das doch noch nie gemacht ...« Der Satz in meinem Kopf, flehende Blicke an meine Hebamme, mich JETZT doch noch nicht alleine zu lassen. Ernsthaft – ich dachte: »Alter Falter, das können die doch jetzt ehrlich nicht bringen. Mich hier alleine zu lassen – mit diesem ... diesem Baby.« Nachts um 2 Uhr, die Geburt vier Stunden her und alle wollen schlafen. Tim ist nach Hause, weil das Familienzimmer noch nicht frei war und ich im Doppelzimmer untergebracht wurde. Neben mir eine andere frisch gebackene Mama. Und da lag ich dann. Alleine. Mit diesem kleinen Würmchen. Völlig ahnungslos. Hellwach. Voller Adrenalin und unbeholfen, nicht wissend, was ich jetzt machen sollte. An Schlaf war nicht zu denken. Ich war einfach komplett überfordert.

Schon in den ersten Stunden nach der Geburt beginnt gefühlt ein ganz neues Leben. Alles ist anders. Ich bin nicht mehr alleine. Wir sind nicht mehr zu zweit. Ab jetzt startet die neue Rolle: MAMA. Und PAPA. Zu dritt. Eine Familie.

Von heute auf morgen müssen die eigenen Bedürfnisse hintenangestellt werden, weil da plötzlich dieses kleine süße, aber oft seeehr wache Wesen existiert, dessen Leben von mir abhängig ist. ABHÄNGIG. Was das bedeutet, wurde mir in den ersten Tagen zu Hause so richtig klar.

Ich bin ehrlich. Es war das bisher gigantischste Gefühl der Welt, dieses kleine Menschlein im Arm zu haben. Und: Es hat mich ganz schön gefordert. Mach ich das hier alles richtig? Was, wenn ich ihn nicht beruhigen kann? Was, wenn er nicht schläft? Was, wenn ich nicht weiß, warum er schreit? Was, wenn er nicht genug trinkt?

Ich hatte vorher schon viele Babys im Arm gehabt. Und ich war felsenfest davon überzeugt, dass ich eine richtig entspannte Mama werde: »Oh, ich werde so entspannt sein. Das wird so gut laufen ... Da lass ich mich durch nichts aus der Ruhe bringen ... Ich bin ja voll der Familienmensch!«

Ich traue es mich ja kaum zu schreiben, aber es war wirklich so: Ich habe fast in die Hose gemacht, als ich das ERSTE Mal (nach drei Wochen!!!) alleine (ohne Tim) mit Baby 200 Meter zur Post geschlichen bin: »Was, wenn er jetzt anfängt zu schreien und ich ihn nicht beruhigen kann? Was, wenn andere Leute mich dabei beobachten, wie ich versuche, ein brüllendes Kind, das völlig außer sich ist, in den Schlaf zu schaukeln? Ich kann doch nicht mitten auf der Straße meine Brust rausholen?« Ausgeliefert und auf dem Präsentierteller. SO unsicher war ich.

Und es kommen innerhalb kürzester Zeit zig Situationen, die sich wie ein Wirbelsturm in meinem Leben breit machen.

Gefühlt hält die Welt an.

Alles dreht sich auf links. Die Nächte, die Tage, Essenszeiten und Körperpflege. Ganz zu schweigen von der sehr emotionalen Hormonumstellung. Das stundenlange Stillen und völlig unbequeme Einnicken auf dem Sofa nehme ich geduldig hin: Hauptsache, Klein-Samuel ist satt und wird nicht wach. Eins haben wir schnell raus: Ab sofort bestimmt das Baby den Tagesablauf. Windeln wechseln. Stillen (oh Mann, bis DAS geklappt hat). In den Schlaf schaukeln. Und selbst kaum zum Essen kommen. Ich laufe rum, als wäre mir alles egal. Und in der Wohnung sieht es aus wie bei Hempels unterm Sofa. Keine Zeit dafür. Duschen wird zum Highlight der Woche, wenn ENDLICH Papa kurz – ohne Babygeschrei – übernehmen darf.

Ich weiß noch, wie ich tunlichst vermieden habe, dass irgendjemand mich so sieht, außer Tim und die Hebamme natürlich. Die Wohnungstüre schnell wieder zu – nicht, dass ein Nachbar reinschaut. So hat sich dieser Ausnahmezustand angefühlt. Betreten verboten!

Verrückt, oder? Schon irgendwie. Und eigentlich ganz normal. Als ganz frischgebackene Eltern, schockverliebt in das kleine süße Mäuschen, ist das alles doch irgendwie gut zu ertragen, oder? Wir machen das ja gerne. So viel Liebe ist da – und was sollen wir auch tun: Es braucht uns.

Fremdbestimmung ist also an der Tagesordnung. Gefühlt alles, was vorher war, ist durcheinander. Als ob ein Wirbelsturm durch das Leben zieht. Völlig selbstverständlich überschreiten wir dabei unsere Grenzen. Körperlich und auch mental ist es doch eine gehörige Anstrengung. Nichts kann dich ansatzweise darauf vorbereiten. Und natürlich gehört das irgendwie auch mit dazu.

Tatsächlich gibt es irrsinnig viele Momente der Unsicherheit und des Selbstzweifelns. Und auch wenn wir oft intuitiv handeln, so ist es häufig ein stetiges Ausprobieren, was am besten funktioniert und mit unseren Werten übereinstimmt. Wir wägen ab. Wir sortieren. Wir probieren. Manchmal mit Fragezeichen im Kopf.

Besonders fies ist dabei der Vergleich mit anderen Müttern: Wie macht die das? Ach, das Baby greift schon. Oh, es schläft nachts schon vier Stunden am Stück. Und ehrlich, du kannst es tatsächlich mal ganze fünf Minuten ablegen? Mache ich alles richtig? Bin ich eine gute Mutter? Fördere ich mein Kind genug? Entwickelt es sich altersgemäß? Worauf muss ich achten? Wenn ich nicht so müde gewesen wäre, hätten mich diese Gedanken abends lange wachgehalten. Zum Glück schlief ich meist sofort ein. Ein Segen. Dennoch poppte die eine oder andere Frage tagsüber auf und hinterließ ein unsicheres Gefühl.

Sobald es sich eingegroovt hatte und wir im neuen Alltag angekommen waren, hatten wir schon ein ordentliches Pensum an »funktionieren« einstudiert. Ich wusste genau, was welcher Mucks bedeutet, dass die linke Brust nur nachts gewünscht ist und einschlafen ausschließlich in der Trage geht. Ich wusste, welches Schlaflied gut wirkt und dass ich nie wieder das Hochnehmen zum Bäuerchen machen nach dem Trinken vergesse. Ich kannte in der Wohnung JEDE knarzende Diele und stolzierte in Zeitlupe durch unseren Berliner Flur, wenn es mal mit dem Ablegen des Babys geklappt hat, als wäre er ein Mienenfeld. Halleluja! Das Baby schläft.

Ist dir bewusst, was für eine MEISTERLEISTUNG wir Mamas da an den Tag legen? Und ich meine nicht das gut einstudierte Einschlaf-Ritual. Von 0 auf 100 werden wir in eine komplett NEUE Situation geschmissen. Dabei haben wir vorher weder irgendeine ähnliche Erfahrung noch eine Generalprobe gemacht. Der Geburtsvorbereitungstheoriekurs oder das eine oder andere Buch sind ein Sch* gegen die Realität.

Ins kalte Wasser geworfen und zack – nun schwimm mal! Und dann gleich noch mit einer so großen Verantwortung für ein anderes Lebewesen.

Ist dir klar, was du da rockst? Dein Leben hat sich innerhalb von ein paar Minuten um 180 Grad verändert. ALLES.

EIN MOMENT, IN DEM DU DICH, EGAL WIE GUT DU DICH VORBEREITET HAST, NICHT WIRKLICH VORBEREITET FÜHLST.

Und du hast dann ja auch keine Wahl. Du findest einen Weg, weil du musst. Und du es kannst. Du großartige Mama! Vielleicht erlaubst du dir für einen Moment, anzuerkennen, was für eine verdammt flexible und erfindungsreiche, liebevolle und starke Frau du bist – voller Durchhaltevermögen und mit der Bereitschaft, ALLES zu geben.

Nur so als kleiner Reminder: You rock Mummy!!!

3
ÜBERLEBEN ALS MAMA MIT BERUF

*D*ie Wochen und die ersten Monate vergehen und ich bin Profi geworden. Mama-Profi. Und Tim natürlich Papa-Profi. Und es ist schön. Superschön. Es macht uns unendlich glücklich, dieses kleine Wesen aufwachsen zu sehen. Wir beömmeln uns über jeden Pups und haben beide Tränen in den Augen, wenn unser kleiner Samuel uns anlächelt. Wir genießen jeden Moment. Es ist einfach wundervoll. Alltag mit Baby. Voll angekommen im Familienleben.

Und irgendwann, so mittendrin, während ich vollautomatisch mein Kind in den Schlaf schaukle, nebenbei das Essen vorbereite und die Fläschchen auskoche, kommt mir das erste Mal der Gedanke in den Sinn: Ist mein geplanter Weg mit dem Theater und der Familie so richtig? Funktioniert das alles so? Kann ich wirklich BEIDEM gerecht werden? Ist meine Theorie wirklich in der Praxis umsetzbar? Das Konzept habe ich lange vor der Geburt gestrickt. Jetzt bin ich in einem gefühlt anderen Zeitalter angekommen. Geht das alles wirklich so auf?

Mein ursprünglicher Plan fühlte sich an wie der Geschmack von einem schalen Bier. So vieles hatte sich verändert. Das alte Leben war so weit weg. Ich fing an, alles zu überdenken. Wirklich alles. Ich horchte in mich hinein, was ich wollte. WIE ich

WAS wollte. Und ich ließ meine Gedanken dazu treiben. Es blieb der Drang, es unbedingt zu wollen, und die Unsicherheit, ob das auch wirklich langfristig so möglich ist.

Inzwischen hatte ich auch etwas Kontakt zu einigen Mama-Kreisen. Angefangen vom Rückbildungskurs über Spaziergang-Trupps und Mutter-Kind-Yoga. Ich lernte die verschiedensten Konzepte und Vorstellungen von Mamas mit und ohne Beruf kennen. Muttis, die schon wieder arbeiteten oder kurz davor waren. Die zwischen Kind eins und zwei wieder arbeiten gingen oder die schon längst entschieden hatten, doch lieber drei Jahre Elternzeit zu beantragen. Dazu sehr viele unterschiedliche Meinungen und Ratschläge. Ein bunter Blumenstrauß aller möglichen Variationen. Es machte mich stutzig, dass fast alle irgendeine Unsicherheit oder sogar Unzufriedenheit in sich trugen. Und ich teilte dieses Grundgefühl. Ich frage mich: Wie kann ich jemals dieses alte Leben und dieses neue Leben vereinen? Und zwar so, dass wir alle glücklich sind? Es spielten unfassbar viele Aspekte mit rein. Die Arbeit an sich, die deutlich knappere Zeit, die Bedürfnisse des Kindes, von uns als Familie, von Tim und ganz am Ende auch meine eigenen.

Ich versuchte, mich an dem zu orientieren, was ich um mich herum hörte: Was davon bin ich? Wie möchte ICH es haben?

Ich war ganz schön überrascht, wie die Realität hin und wieder ernüchternd im Leben meiner neuen Mama-Freundinnen einschlug. Auf meine Frage bei der einen, warum der Plan mit dem Teilzeitjob sich anfühlte wie das reinste Horrorszenario, ergoss sich folgende Antwort über mich: Das gestresste und zerrissene Gefühl zwischen Familie und Beruf zu sitzen und sich immer entscheiden zu müssen. Die Hetze am Morgen zur Kita und dann zur Arbeit und am Mittag wieder zurück. Das schlechte Gewissen dem Kind gegenüber. Das schlechte

Gewissen dem Arbeitgeber gegenüber. Die Unterforderung bei der Arbeit, weil sie keine Verantwortlichkeiten mehr bekam. Der »Teilzeit-Stempel« auf der Stirn. Die Blicke der Kollegen, wenn die Kita anrief und sie ihr Kind abholen musste, weil es sich gestoßen hatte. Der Adrenalinpegel und der Schweißausbruch, wenn es um die Urlaubsplanung ging und sie sich an die Schließzeiten der Kita halten musste, auch wenn da gerade Hochsaison in der Firma war. Und das alles bei »Teil-Zeit« und damit eben auch »Teil-Geld«. Was für ein Stress für gerade mal die Hälfte des Gehalts. Auch das fühlte sich alles andere als cool an. Erfüllung ist anders. Hinzu kam, dass sie finanziell abhängig von ihrem Mann geworden war. Schon klar, sie sind ja eine Familie, aber – Hand aufs Herz – so richtig gut fühlte sich das nicht an.

Mir klingelten die Ohren. Und ich konnte alles nachfühlen. Es hallte lange nach. Sie war nicht die einzige Mama, der es so ging. Stummes Nicken hier und da.

Ich fragte mich wirklich: Ist bei mir all das anders, nur weil ich freiberuflich am Theater arbeite? Ich wollte es noch immer glauben. Allerdings hatte ich schon ein bisschen meine leisen Zweifel. Deshalb dachte ich nur für einen kurzen Moment über die Frage nach: Also doch länger daheimbleiben?

Bei dem Gedanken bekam ich schon fast innere Panik. Natürlich liebe ich mein Kind. Abgöttisch sogar. Und: Das bin ich nicht. NUR daheim. Ich bin nicht ausschließlich Mama. Gespräche über Wachstumsschübe und wer schon die meisten Zähne hat. In mir gähnt es nur dabei. Natürlich ist das MAL okay und auch schön sich auszutauschen. Aber nicht den lieben langen Tag, wochenlang oder gar Monate.

ICH WILL MEHR!

Während ich also Abend für Abend Diskussionen mit dem inneren Zwiespalt in mir führte, fragte ich mich immer wieder: So vielen Mamas da draußen geht es ganz genauso – WARUM gibt es keine Lösung dafür? Wieso geben sich so viele damit – todunglücklich – zufrieden? Warum stellen sie sich selbst auf Pause und funktionieren den lieben langen Tag? Weshalb warten sie auf »irgendwann wird's besser« und setzen ihre »Ich muss doch glücklich sein«-Maske auf? WARUM?

Ganz einfach. Erinnere dich noch mal kurz an den Moment, als du plötzlich Mama wurdest und innerhalb von Sekunden alles an Selbstbestimmung in Fremdbestimmung umgeschwappt ist. Die ersten Monate – eigentlich das komplette erste Jahr – lebst du in dieser Fremdbestimmung und richtest dich danach. Gewöhnst dich daran, dass es ZUERST dem Baby gut gehen muss. Erst danach kannst du nach dir schauen. Schlafen, essen, duschen.

Eine Studie besagt, dass du nach 66 Tagen eine neue Gewohnheit etabliert hast. Eine andere sagt nach 21 Tagen. Wie auch immer: Du toppst die Zahl der Tage allemal mit deinem ersten Jahr.

WIR MENSCHEN SIND GEWOHNHEITSTIERE. ODER SETZT DU DICH ETWA JEDEN TAG AUF EINEN ANDEREN STUHL AM ESSTISCH?

Wenn du dich also so lange selbst hintenangestellt hast, dass es zu deiner neuen Gewohnheit wurde, wieso solltest du denn JETZT tatsächlich auf die Idee kommen, dich wieder an die erste Stelle zu stellen? Und überhaupt: Ab wann ist es denn wieder okay, nach DIR zu schauen – ohne dass du zur Rabenmutter wirst?

Als mein erster Sohn drei Monate alt war, habe ich meine erste Theaterproduktion als Mama gemacht. Vorbereitet hatte ich alles VOR der Geburt und nun standen die Proben vor Ort an. Ich reiste also – mit meinen Eltern im Gepäck – zum ersten Mal mit Baby in eine fremde Stadt. Du kannst dir gar nicht vorstellen, wie gut mir das tat, wieder zu arbeiten. Mein Kopf war drei Monate von so viel anderem eingenommen, dass ich mich freute wie ein Keks, jetzt wieder etwas für mich zu tun.

Ich war optimistisch, voller Euphorie und stand losgehfertig zum ersten Probentag in der Türe, da schrie es herzzerreißend hinter mir. Gefühlt stand die Welt kurz still. Es ging mir durch Mark und Bein. Ich schloss die Augen, damit die Tränen keinen Raum bekamen, und ging schweren Herzens zur Probe – mit dem inneren Vorwurf: Ich Rabenmutter lasse mein drei Monate altes Baby schreiend zurück! Was bin ich nur für eine Mutter! Jegliche Freude auf die Arbeit war sofort verflogen.

Meine Eltern konnten das zum Glück gut händeln. Sie sind sehr erfinderisch, wenn es darum geht, ein Baby abzulenken. Die beiden sangen, machten Quatsch und schöpften aus ihrem ganzen Repertoire an Großeltern-Erfahrung – und schafften es, Samuel zu beruhigen. Der Schmerz war aber da. Bei Samuel und bei mir. Ich hörte laut dröhnend mein Herz und meine ganze Utopie in mir zerbrechen.

Wie egoistisch bin ich eigentlich?! Das schlechte Gewissen war ab dem Moment jede Sekunde im Gepäck. Ich war bereit, unendlich viel zu tun, um es allen Seiten recht zu machen und den Spagat auch nur irgendwie gut hinzubekommen. In den Probenpausen rannte ich auf die Toilette, pumpte mit der Handpumpe meine Muttermilch ab, um sie dann in der nächsten Pause meinen Eltern zum Füttern zu bringen. Alle 2,5 Stunden hetzte ich vom Probenraum zur Wohnung und zurück – mehrfach am Tag, sechs Tage die Woche, acht Wochen lang.

Ich jonglierte atemlos so viele Bälle in der Luft – und es wurde ein ganz schöner Kraftakt, konzentriert und voller Aufmerksamkeit bei der Arbeit zu sein.

Es war doch nicht so leicht, wie ich mir das gedacht hatte. War ich also jetzt eine Rabenmutter, weil ich auch etwas für mich tun wollte? Weil ich beruflich erfüllt sein und mein Ding machen wollte? So fühlte es sich an: egoistisch und herzlos.

Eine ganze Batterie voller Grundsatzfragen kam in mir hoch: Wie möchte ich als Mama sein? Was macht eine gute Mama aus? Wann geht eine gute Mama wieder arbeiten? Geht sie überhaupt arbeiten? Ab wann bin ich eine Rabenmutter und wer entscheidet das eigentlich? Wie kann ich meinem Drang nach beruflicher Erfüllung und meiner Liebe zur Familie gerecht werden? Und: WO finde ich Antworten auf all diese Fragen?

In mir rumorte es vor lauter Orientierungssuche. Und um mich herum gab es unendlich viele Antworten. Alle verschieden. Vieles voller Widersprüche. Jeder hatte seine eigene Sicht auf die Dinge, unterschiedliche Erfahrungen oder Werte. Der nächste Sturm der durch mein Leben peste. In mir war so eine große Unsicherheit, dass jeder weitere Kommentar – egal ob gefragt oder ungefragt – mir nur noch mehr den Boden unter den Füßen wegziehen würde.

Ich hatte den Wunsch nach einer klaren eigenen Orientierung. Etwas, das alle Aspekte berücksichtigt und mich zur besten Mama der Welt und erfüllten und erfolgreichen Frau macht – voller Klarheit, Selbstbestimmung und innerer Sicherheit. Mir fiel es wie Schuppen von den Augen, dass ich so einige Aussagen und Meinungen inklusive meiner eigenen ordentlich hinterfragen darf.

4

»ENDSTATION MAMA« UND DIE GESELLSCHAFTLICHE ERWARTUNG

Im Herzen war ich schon immer ein kleiner Rebell. Den schwäbischen Masterplan mit dem berühmten »Schaffe, schaffe Häusle baue« durch meinen so anderen Berufs- und Lebensweg komplett zu torpedieren, gab mir eine warme Genugtuung. Ich machte es gerne anders als meine Umgebung. Kein Bausparvertag. Keine Hochzeit vor den Kindern und Wohnsitz NICHT im Nachbardorf. Ich ging meinen ganz eigenen Weg. Willensstark und ein bisschen stur. Und ich genoss es.

Das erste Mal, dass ich meinen bisherigen Weg hinterfragte, war in der ersten Elternzeit. Da ich bisher keinen »klassischen« Weg einschlug und er eben nicht so war, wie MAN das macht, hatte ich kein Orientierungsmuster, wo ich mir etwas abschauen konnte.

Und ich erkannte, dass ich – wenn ich Beruf und Familie nicht nur gerecht werden will, sondern auch glücklich und erfüllt – einiges neugestalten darf.

Es arbeitete in mir, mich in diesem ganzen inneren Durcheinander zu orientieren, zu prüfen und zu hinterfragen, was mein Weg sein könnte. Ob ich mit meiner Idee, wirklich weiter im Theater zu sein, glücklich werde oder ob ich vielleicht stattdessen auch etwas anders machen könnte. Während dieser Gedanken, kam völlig ungefragt noch ein ganz anderer fetter Aspekt rein: die gesellschaftliche Erwartungshaltung!

Die Generation vor uns hatte häufig EINEN Beruf und arbeitete im Idealfall ein Leben lang bei EINER Firma. Das macht den Blick von anderen häufig sehr wertend, wenn Jobwechsel, Umorientierung oder ganz neu starten als Möglichkeiten aufpoppen.

Hatte ich mich damals also doch FALSCH entschieden? War meine Idee, mit Theater mein berufliches Leben zu gestalten, einfach zu kurzsichtig? Mich jetzt mit neuen Arbeitsmöglichkeiten auseinanderzusetzen, fühlte sich an, als hätte ich versagt. Die falsche berufliche Überschrift über mein Leben gewählt. Wohlwissend, dass ich doch irgendwann mal Familie haben möchte. Es fühlte sich an, als hätte ich damals einen gewaltigen Fehler gemacht und müsste nun die bittere Suppe auslöffeln. Dann eben erstmal NICHT arbeiten. Bis es irgendwann wieder geht. In meinem Kopf wurden Gedanken laut wie diese:

Sei doch erst mal für die Kinder da, die brauchen dich. Karriere kannst du immer noch machen.

Du kannst doch nicht alles haben.

Es ist ganz normal, erst mal zurückzustecken. Denk doch nicht nur an dich.

Jetzt warte doch erst mal, bis dein Kind aus dem Gröbsten raus ist, dann kannst du dich immer noch selbst verwirklichen.

Du hast doch lange genug nur nach DIR geschaut, jetzt sind einfach mal deine Kinder dran.

Mein innerer Dialog war eine große Herausforderung. Denn alles in mir schrie, dass ich eben NICHT »nur« Mama bin. Und ich einen erfüllten Beruf genauso haben möchte, wie ich Zeit mit meinem Kind verbringen will.

Ich fühlte mich nicht nur undankbar, weil mir anscheinend das große Geschenk, ein Kind zu haben, nicht genügte, sondern auch gehörig egoistisch, weil meine ganze Gedankenwelt sich ständig nur um das Thema drehte, wie ich BEIDES haben kann: Familie und Erfüllung. Ich war voller Bewertungen meiner eigenen Situation:

Hättest du dich mal weitsichtiger um deine Zukunft mit einer Familie gekümmert. – DAS hast du echt mal kräftig in den Sand gesetzt.
Du hast dich falsch entschieden. – Ich dachte, du wolltest Kinder haben, jetzt sei auch eine ECHTE Mutter und schieb sie nicht wieder ab.

Und als ob das nicht schon genug aufwühlende Diskussionen in mir gewesen wären, kamen noch einige »gut gemeinte Ratschläge« von außen dazu.

ES GIBT KAUM EINE ZEIT IM LEBEN EINER FRAU, IN DER MEHR VON AUSSEN MITGESPROCHEN WIRD ALS IN DEN ERSTEN JAHREN ALS MAMA.

Woher kommt dieses Denken – die gesellschaftliche Erwartung und Anmaßung zu wissen, wie MAN als Mutter zu sein hat?

Natürlich gibt es ein kollektives Bewusstsein, das sich über Generationen geprägt hat und Erfahrungswerte mitgibt. Allein wenn du das Familienbild der letzten 50 Jahre anschaust, wird dir klar, was für WELTEN das sein können und auch wie träge hier Veränderung ist.[1] Da kann die Wissenschaft, Forschung oder Pädagogik noch so fortschrittlich sein, ein gesellschaftliches

Bild ist oft tief verankert und bedarf einer sehr bewussten anderen Haltung, damit es sich tatsächlich verändert.

Das bedeutet nicht, dass immer alles schlecht ist, was weitergegeben wird. Schließlich sind es ja Erfahrungswerte aus der Vergangenheit. Und auch gesellschaftlich gibt es natürlich das Ziel, weiterhin gut zu überleben und aus Erfahrungen zu lernen. Dabei clasht allerdings häufig die Weiterentwicklung der Zeit, Persönlichkeit, Forschung und Wissenschaft mit der Trägheit der Veränderung und dem Beharren auf alten Erfahrungen. Denn vieles von damals ist heute gar nicht mehr relevant, überholt oder schlichtweg unnötig. Was nicht heißt, dass es nicht in bester Absicht weitergegeben wird.

So hart die eine oder andere Aussage auch klingen mag: In der Regel wird sie nicht gemacht, um dir zu schaden, sondern um dich zu schützen und dir aus Erfahrung zu helfen – zumindest aus der Sicht der anderen Person. Es ist ihre beste Option.

NUR IST DIE BESTE OPTION DER PERSON, DIE DIESE AUSSAGE MACHT, NICHT IMMER DEINE BESTE OPTION.

Kurz: So gut gemeint ein erfahrungsbasierter Ratschlag auch sein mag, hinterfrage immer, ob er auch für dich relevant und förderlich ist. Du kannst bei jeder Aussage neu für dich entscheiden, was deine eigene Sicht darauf sein soll.

DAS war für mich eine ganz wichtige Erkenntnis. Mit diesem Wissen konnte ich Aussagen von anderen viel leichter wahrnehmen und auf mich »umsortieren« oder einfach auf Durchzug schalten. Das half mir, mit einem wesentlich verständnisvolleren Blick auf die »gut gemeinten« Ratschläge zu reagieren und dennoch für mich selbst zu entscheiden.

Mein Rebell in mir suchte also etwas beruhigter, was die Meinungen von anderen anging, weiter nach einer Lösung. Ich verbrachte Stunden im Internet und recherchierte nach Quereinstieg, Freelancer-Angeboten, Teilzeitstellen oder möglichen anderen Selbstständigkeiten. Es muss doch einen Weg geben, Familie und erfüllten Beruf zu vereinen.

Eine ganz neue Ausbildung oder ein Studium zu beginnen, scheiterte an der Zeit. Also probierte ich mich durch so ziemlich alles durch, was ich mit meinem bisherigen Lebenslauf machen konnte: Teilzeitanstellung in einem Laden (drei Monate), Freelancer als Interior Designerin (ein Jahr), selbstständige Fotografin für Hochzeiten (vier Monate). All das und andere Selbstständigkeiten, wie zum Beispiel der Aufbau eines Online-Shops, verliefen schnell im Sand, weil es viel zu viel Arbeit war.

Während meiner Suche hatte die Familienkompatibilität absolute Priorität. Und da der Verdienst oft nicht wirklich merkbar einen Ausschlag auf unserem Konto gab und die Erfüllung auch auf sich warten ließ, gab ich immer wieder ernüchtert auf. In mir brüllte es:

Eine Mutter ist für ihre Kinder da. Worum geht's dir eigentlich?
Dein Mann kann doch das Geld nach Hause bringen.
Sei lieber bei deinen Kindern und bekomme die ganzen Wachstumsschritte mit.
Deine Kinder brauchen dich.
Und immer wieder: Du kannst nicht alles haben.

Mein Kopf war so laut. Und ich wollte endlich, endlich, endlich Ruhe in mir und diese Sätze nicht mehr dröhnen lassen. Auch, damit ich wieder neue Ideen in mir hören konnte, was ich SONST noch tun könnte, um meine ideale Lösung für Familie und Beruf zu finden. Nur wie bekomme ich endlich diese innere Ruhe?

Diese Erkenntnis half schon enorm als ersten Schritt: All diese AUSBREMSENDEN Aussagen in dir, diese Bewertungen, die du anhörst und für dich prüfst, all das, was DU aus deiner Sicht eben ganz und gar nicht glauben willst – das kannst du ein für alle Mal verändern! Dazu kommen wir gleich.

Und wenn diese Sätze in dir leiser werden, hörst du viel leichter deine eigenen Gedanken und kannst neu sortieren, was du selbst glauben möchtest.

5

DIE BRILLE DER ANDEREN UND GLAUBENSSÄTZE OHNE ENDE

lso ICH bin ja ne Frostbeule. Ich liebe es, wenn es kuschelig warm ist und ich dick eingepackt vor dem Kamin sitzen kann, während Tim schon sein T-Shirt auszieht, weil er es viiiiel zu warm findet. Ich könnte ewig in der Sonne brutzeln, genießen, wie die Haut leicht kribbelt und die kleinen Schweißperlen keine Chance haben, weil sie sofort wieder verdampfen. Ich liebe den Geruch von Sonne auf der Haut, während Tim kopfschüttelnd im Schatten sitzt oder schon längst wieder im Haus ist.

Meine Jungs gehen manchmal bei zehn Grad in T-Shirt und kurzer Hose raus und empfinden das noch als zu warm, während ich schon meine Winterjacke aus dem Keller hole.

Nicht nur Wärme oder Kälteempfinden, auch Geschmäcker, Gerüche, Lautstärke oder unser Blick – jeder Mensch hat seine ganz eigene Wahrnehmung. Aber wer hat denn nun recht? Ist es nun warm oder kalt? Ist die Suppe lecker oder völlig daneben, die Musik laut oder viel zu leise?

KEINER hat recht. Natürlich. Leuchtet ein. Wir nehmen nämlich ALLE die Welt unterschiedlich wahr. Jeder Mensch hat sein eigenes Abbild der Wirklichkeit in seinem Gehirn. Und jeder reagiert unterschiedlich aufgrund der Wahrnehmung unseres Gehirns. Und das betrifft nicht nur die Wahrnehmung der einzelnen Sinne, die ich gerade genannt habe. Es ist ein sehr augenscheinliches Beispiel, aber tatsächlich betrifft es ALLES, was wir wahrnehmen, auch Meinungen und Ansichten von anderen, Handlungen von Menschen, Reaktionen, Wissen und vieles mehr.

Tatsächlich hat also jeder Mensch seine eigene Brille auf. All das läuft in der Wahrnehmungskette durch verschiedene Filter aus Erfahrungen, Werten und Sozialisation und landet schließlich in unserem Bewusstsein. Da wir Menschen aber nur eine begrenzte Kapazität zur Informationsaufnahme und -verarbeitung haben, kommt lediglich ein Bruchteil von dem, was um uns herum existiert, in unserem Gehirn an. Du kannst dir also denken, dass jeder von uns völlig unterschiedliche Dinge abspeichert. Manches überschneidet sich – und doch bleibt es sehr individuell. Das heißt:

Jeder hat seine ganz eigene Wirklichkeit. Seinen ganz individuellen Blick auf die Welt.

DIE EINE WAHRHEIT GIBT ES GAR NICHT – ES GIBT IMMER NUR EINE SUBJEKTIVE WAHRHEIT.

Und diese »Wahrheit«, formuliert und kundgetan, ist nichts anderes als ein Glaubenssatz.

Meist ist die Aussage des Glaubenssatzes sehr absolut und klingt wie eine »allgemeingültige« Phrase. Eine Art unumstößliche Wahrheit. Manchmal sind es Aussagen, manchmal auch Binsenweisheiten oder Sprichwörter.

Es gibt zwei Arten von Glaubenssätzen:

1. **ERFAHRUNGSBASIERTE GLAUBENSSÄTZE:** Du kannst natürlich aufgrund deiner individuellen Erfahrung eigene Glaubenssätze bilden. Wenn du dich beispielsweise häufig verlaufen hast, könnte ein Glaubenssatz von dir sein:»Orientierung kann ich einfach nicht – ich verlaufe mich immer!« Und daher lieber grundsätzlich mit Navi unterwegs bist. Ein eigens erschaffener Glaubenssatz.

2. **ÜBERNOMMENE GLAUBENSSÄTZE ANDERER:** Und dann gibt es die Glaubenssätze der anderen, die du, während du aufwächst, aus deiner Umgebung als »Wahrheit« mitbekommst. Zum Beispiel:

- »Nur wer hart arbeitet, verdient auch viel Geld!«
- »Eine Mutter muss erst mal nur für die Kinder da sein!«
- »Durchhaltevermögen ist nicht deine Stärke, das hast du noch nie gekonnt!«

Im Laufe deines Lebens bekommst du eine ganze Batterie voller Glaubenssätze mit, die du nicht selbst aus deiner Erfahrung gebildet hast, beispielsweise durch Eltern, Freunde, Lehrer, Medien ... Das können positive Glaubenssätze sein wie »Du bist ein Glückskind!« oder »Du bist großartig!«. Es können aber auch negative Glaubenssätze sein wie »Du bist ein Großmaul!« oder »Andere sind eh besser als du, du kannst das nicht!«.

Das meiste davon ist nicht mal (bewusst) negativ gemeint. Einiges wurde als Glaubenssatz von der vorigen Generation übernommen oder jemand sagt es, um dich zu schützen. Manches ist der leistungsorientierten Gesellschaft geschuldet. Einige Glaubenssätze sind einfach übernommene Phrasen und Sprichworte, die sich eingeprägt haben. Klassiker:»Selbst UND ständig!«,»Geld verdirbt den Charakter!«,»Wer schön sein will, muss leiden!« und viele mehr.

Manchmal erkennen wir sogar in Sätzen, die wir selbst sagen, die ursprüngliche Herkunft. Dann hören wir in unserem Kopf Gedanken, die eigentlich Aussagen und Meinungen von jemand anderem sind.

Manche Glaubenssätze machen uns Mut, befeuern uns, geben uns Sicherheit. Andere hindern uns, halten uns klein, schüren Angst oder Misstrauen.

Ob wir wollen oder nicht: Wir haben alle negative und positive Glaubenssätze in uns. Übernommen und für wahr abgespeichert. Vieles von anderen, einiges selbst entwickelt – und all das bestimmt unseren Blick auf die Welt. Das ist die Brille, die wir tragen. Sie entscheidet, wie wir uns sehen, andere Menschen sehen, Situationen wahrnehmen und auf etwas reagieren. Diese Brille beeinflusst unser Denken und Handeln. Sie beeinflusst, wie mutig wir sind, was wir für Bedürfnisse haben und all unsere Triggerpunkte.

Dabei geht es nicht nur um Meinungen oder Wahrnehmung, sondern darum, was wir aufgrund unserer Prägung, unserer Erfahrung, unseres Wissens und unserer Empfindung als »wahr« einstufen. Sehr anschaulich finde ich das anhand der unterschiedlichen Empfindung von Geburtsschmerzen.

Beispiel: Geburt

Es gibt die gesellschaftliche »Wahrheit«, dass eine Geburt schmerzhaft ist. Das bekommen wir überall mit. Geburtsschmerzen sind die unerträglichsten Schmerzen. Punkt. Das weiß jeder. Eine »objektive Wahrheit«. Schauen wir allerdings genauer hin, ist es für die eine Frau der schlimmste Schmerz und eine traumatische Erfahrung. Für eine andere ist es das schönste Erlebnis und mit dem Wort »Schmerz« überhaupt nicht zu beschreiben. In einigen Naturvölkern, die eine Geburt als einen natürlichen Prozess erleben und mit traditionellen Ritualen unterstützen, ist es oftmals gar nicht etabliert, dass eine Geburt ein schmerzhafter Vorgang ist. Hier gibt es eine völlig andere »objektive Wahrheit« – und auch da wird die Wahrnehmung der einen Frau anders sein als die einer anderen.

Okay, also dürfen wir getrost prüfen, was wir glauben wollen und als Wahrheit abspeichern? Korrekt! Wir können aufhören RECHT BEHALTEN zu wollen und alles etwas differenzierter betrachten.

DIE GUTE NACHRICHT: DU KANNST AB SOFORT ALLES HINTERFRAGEN UND ENTSCHEIDEN, OB DAS DEINE EIGENE SUBJEKTIVE WAHRHEIT SEIN SOLL ODER NICHT.

Wie du für dich aussortieren und negative Glaubenssätze drehen kannst, dazu kommen wir noch in diesem Buch. Zuerst wollen wir uns aber über diesen großartigen ersten Schritt freuen:

DAS BEWUSSTMACHEN VON GLAUBENSSÄTZEN

ÜBUNG: DER SPUK IM KOPF

Schreib dir alle typischen negativen Glaubenssätze auf, die dir so einfallen. Aus deiner Kindheit, zu deiner aktuellen Lebenssituation oder zu einem ganz bestimmten Thema:

- Welche Aussagen kommen ganz allgemeingültig daher?
- Welche Glaubenssätze willst du nicht mehr glauben?
- Was bremst dich aus, verunsichert dich oder empfindest du als demotivierend?

Mach dir eine Liste und erweitere sie nach und nach. Jedes Mal, wenn dir wieder ein negativer Glaubenssatz daherkommt, notiere ihn.

Du wirst merken, dass du viel aufmerksamer durch den Tag gehst und Aussagen hinterfragst, prüfst und so deine Liste mit den negativen Glaubenssätzen wächst.

TEIL II
SCHRITT-FÜR-SCHRITT-ANLEITUNG FÜR DEINE NEUE ORDNUNG

1

WARUM DAS DURCHEINANDER DIR DIENT

Ich fand mich plötzlich in einer komplett durcheinandergewirbelten Lebenssituation wieder und selbst die letzte Konstante – mein jahrelang geliebter Job – fühlte sich gerade nicht mehr richtig an. Es passte einfach vorne und hinten nicht. Wie eine zu eng gewordene Hose.

Ganz ehrlich: Mir hat das mächtig den Boden unter den Füßen weggezogen. Denn ich habe so viele Jahre auf meinen erfüllenden Traumjob als Bühnen- und Kostümbildnerin hingearbeitet. Ich habe lange studiert, im Ausland und an großen Theatern hospitiert, bei namhaften Bühnenbildnern assistiert und mich für zwei Jahre als Assistenz an einem großen Staatstheater verpflichtet. Dann bin ich mit viel Mut ins kalte Wasser der Selbstständigkeit gesprungen und habe mir mit großem Einsatz und voller Leidenschaft über viele Jahre Auftragssicherheit hart erarbeitet. Weil ich es so sehr wollte. Weil es meine Erfüllung war. Mein Ziel. Mein Leben. Dass ich Bühnen- und Kostümbildnerin war, passte wie die Faust aufs Auge zu mir. Der Erfolg gab mir Recht. DAS ist meine Berufung. Meine Überschrift über meinem beruflichen Leben. Hier bin ich richtig. So hat es sich angefühlt.

Warum ich mich nach drei Monaten Mama-Dasein wieder in Theaterproduktionen gestürzt und auf Biegen und Brechen daran festgehalten habe, obwohl ich ein wirklich schlechtes Gewissen gegenüber meinem Sohn hatte? Der einfache Grund: Ich wollte es unbedingt! Ich hatte so viel Freude an meiner Arbeit, dass ich mir ein Leben ohne Theater nicht vorstellen WOLLTE. Tim und meine Eltern unterstützen mich zum Glück. Nur so war das möglich. Ich hatte immer die Aufträge im Fokus – Familie wird dann eben »passend« gemacht. Ich blieb also dran.

Wie ich das ganze vier Jahre durchgezogen habe, ist mir heute selbst ein Rätsel. Und es gab für mich, in meinem Kopf, einfach keine andere Option. Warum sollte ich meinen Beruf, den ich so sehr liebte, an den Nagel hängen?

Dabei habe ich mir immer mehr schöngeredet. Denn innerlich wurde ich nach und nach zerrissener. Die Leben passten einfach nicht mehr zueinander. Die Familie und mein Beruf. Es waren zwei Welten, die noch nicht einmal in derselben Galaxie schwebten.

Je größer meine innere Zerrissenheit wurde, das Jonglieren der unterschiedlichen Bereiche, das Rechtmachen auf allen Seiten, desto lauter wurde die Stimme, das doch noch mal alles zu hinterfragen: Kann ich das denn wirklich – ich meine WIRKLICH – dauerhaft so aufrechterhalten? Was, wenn mein Kind größer wird, Geschwister dazukommen, meine Eltern nicht mehr so mitreisen können? Was dann?

Die Unzufriedenheit zwang mich zu einer Auseinandersetzung mit Plan B. Nur ... ich hatte keinen Plan B. Ich suchte verzweifelt und voller Tatendrang. Probierte aus und verwarf. Da gab es nix, was passte. Nur dieser dringliche Wunsch, dass es eine Lösung geben muss, die BEIDE Welten vereint.

Wenn ich so mit Abstand auf diese Zeit blicke und eine Überschrift suche, dann ist der Begriff STURM am treffendsten. Denn er wirbelte so viel durcheinander, seit ich Mama war. Er fegte ganze vier Jahre durch mein Leben und ich sehnte mich nach nichts mehr als Ruhe. Innerer Ruhe.

Aus meiner heutigen Sicht mag ich das Bild des Wirbelsturms sehr – so unangenehm es damals auch gewesen sein mag. Denn das Tolle daran ist: Danach gibt es eine NEUE Ordnung. Und wir sind regelrecht dazu gezwungen, genau zu prüfen, WIE diese neue Ordnung aussehen kann. Denn da sowieso alles auf den Kopf gestellt wird, hast du nun die Gelegenheit genau zu schauen: Was will ich wie haben? Was kann weg? Was möchte ich anders?

JEDES DURCHEINANDER HILFT, ZU HINTERFRAGEN, DICH SELBST ZU REFLEKTIEREN UND NEU ZU ENTSCHEIDEN.

Ich möchte dich erMUTigen, dich auf diesen Perspektivwechsel einzulassen, auch wenn du vielleicht noch nicht genau weißt, wie. Ich gebe dir gerne Hilfestellung.

Lass uns erstmal gemeinsam Schritt eins wagen und anerkennen, dass nach jedem Sturm eine neue Ordnung herrscht und du sie gestalten kannst. Das ist DEINE Chance.

Und das Beste daran ist: Du bringst aktuell alles mit, um diese Chance grandios zu nutzen! Schau dir mal kurz selbst an, welche Skills du dir in den letzten Monaten, seit du Mama geworden bist, in Perfektion angeeignet hast: Du bist nicht nur zu einem Organisationstalent geworden, sondern auch multitaskingfähig und permanent im Training des »Umplanens«. Du hast als Mama schnell gelernt, dass es häufig nicht so läuft, wie angenommen oder gewünscht. Du hast erkannt, dass deine eigene Flexibilität eine Grundeigenschaft werden muss. Du bist über deine Grenzen gegangen und darfst bewundernd anerkennen, wie ausdauernd du sein kannst.

Kontrolle abzugeben, hat dich höchstwahrscheinlich ordentlich gefordert. Dennoch gab es genug Momente, in denen du schlichtweg vertrauen musstest, und es hat funktioniert.

Du hast vielleicht auch schwierige und herausfordernde Erlebnisse gehabt UND du gehst heute viel gestärkter und womöglich auch gelassener an die eine oder andere Situation ran. Du findest immer für alles eine Lösung.

Du hast gelernt, Prioritäten zu setzen und auch mal Teilbereiche aktiv auszublenden, wenn das Chaos im Wohnzimmer zwar überhandnimmt, nun aber erst mal euer Abendritual dran ist und danach das Sofa ruft.

Last but not least, wie schon im Ersten Teil beschrieben: Dir ist von null auf hundert bewusst geworden, wie kostbar deine Zeit ist. Du bist eine Meisterin. Und der Zeitpunkt könnte nicht besser sein.

JETZT GILT ES, DIESE CHANCE ZU NUTZEN, DICH IN DEINEN STURM ZU VERLIEBEN UND DEIN LEBEN, DEIN MAMA-DASEIN, ALLES NEU ZU ORDNEN.

2.
DEINE KINDER ALS STETIGER SPIEGEL DEINER ZUFRIEDENHEIT

*M*eine innere Zerrissenheit ging nicht spurlos an uns als Familie vorbei. Ich selbst hatte das Gefühl, mich in diesem Spagat zwischen Familie und Beruf zu verlieren. Vieles in meinem Alltag war eng getaktet. Es MUSS-TE funktionieren. Der Druck in mir war ein stetiger Begleiter – neben dem schlechten Gewissen. Mein Nervenkostüm wurde dünner, meine Geduld weniger und meine Laune kippte schnell, wenn etwas nicht so lief, wie ich mir das vorgestellt hatte.

Kurz: Ich konnte die innere Anstrengung kaum mehr verstecken. Und wurde selbst anstrengend. Für Tim und vor allem für meinen Sohn. Schwanger mit dem zweiten Kind, stieg der innere Druck, eine Lösung zu finden, die familienkompatibel war, weiter an. Durch diese Anspannung konnte ich in vielen Situationen nicht mehr die Mutter sein, die ich eigentlich so gern für meinen Sohn sein wollte. Ich meckerte und schimpfte. Hatte wenig Geduld und war einfach nur noch froh, wenn »Feierabend« war und Samuel schlief. Die vorsichtige Frage von Tim, wie lange ich das eigentlich noch so »durchziehen« wollte, brachte mich zum Eskalieren. Er hatte verdammt noch mal Recht! So konnte es nicht weitergehen. Unser Alltag war ein Kampf.

Wir alle kennen vermutlich diese Momente, die Situationen, die uns so fordern und in denen gefühlt ALLES schiefläuft,
weil wir es nicht schaffen, die Dynamik zu ändern. Weil wir so
mit uns selbst beschäftigt sind, dass wir einfach keine Kapazität
mehr haben, etwas abzufangen oder zu drehen:

☞ **Beispiel: Ein »ganz normaler« Morgen**
Die Nacht war mies, der Streit von gestern Abend sitzt dir noch
im Nacken und der Zahnarzttermin heute Vormittag winkt mit
einem fiesen Grinsen. Beschissener könnte der Morgen nicht
sein. Trantütig fällt dir die Müslipackung um und vor lauter Wut
über dich selbst hängt deine Geduld den Kids gegenüber mal
wieder an einem seidenen Faden. Nicht nur das. Heute ist auch
noch genau dieser Tag, an dem deine Kinder zum Endgegner
werden. Denn anscheinend müssen sie heute BESONDERS
fordernd sein. Nichts passt ihnen. Die Socke sitzt falsch und
die fünf anderen Paar, die ihr schon probiert habt, ebenfalls.
Lauthals brüllend liegt Kind 1 (ohne Socken) auf dem Boden
und wütet. Die Uhr tickt im Nacken. Kind 2 passt die Temperatur des Müslis nicht: Es ist nicht warm UND kalt, sondern
NUR warm. Patzig matscht es mit dem Löffel im Müsli und kip-
pelt dabei – ebenfalls schreiend – mit dem Stuhl. Kooperation
FEHLGESCHLAGEN. Und du meckerst. Natürlich. Alle meckern.
Alles läuft schief. Kind 3 zieht sich dann wieder aus, denn die
Unterhose kratzt plötzlich. Und Kita ist heute eh doof. Es eskaliert. Müsli, Socken und Unterhosen fliegen durch die Luft –
deine Nerven liegen blank. Fuck!

So oder so ähnlich. Leider nicht übertrieben. I know. Du ahnst vermutlich schon, worauf ich mit dem Beispiel hinauswill: So, wie
WIR in bestimmten Situationen mit unseren Kindern umgehen,
kommt es direkt zu uns zurück. Unsere Geduld, unsere innere

Ruhe, unsere Ausstrahlung entscheidet, ob wir die Situation gewendet bekommen, BEVOR es eskaliert. Und wie hoch die Kooperationsbereitschaft und damit der weitere Verlauf des Tages aussieht. Vermutlich kennst du auch das – genau wie ich:

- Du bist unzufrieden und damit viel schneller gereizt.
- Du bist genervt und damit stört dich viel mehr.
- Du bist mit den Gedanken woanders und bringst kaum die Geduld auf, einer gefühlten Nichtigkeit so viel Aufmerksamkeit zu geben.

Da brauchst du nicht mal den Mund aufzumachen. Du betrittst den Raum und JEDER kann es spüren. Besonders deine Kinder. Sie nehmen alles wahr.

DEINE KINDER SIND DEIN STETIGER SPIEGEL.

Du weißt, wie du sein willst!

Und welche Wege es gibt, diese Mama zu sein! Du weißt, was deine Kinder brauchen, ob das Müsli noch dreimal links- und zweimal rechtsrum gerührt werden muss, der Hase zum Sockenaussuchen befragt wird oder Musik der allgemeinen Stimmung guttut. Du hast die Tricks drauf. EIGENTLICH!

Und so oft gelingt es eben nicht. Und zwar nicht, weil du es nicht könntest, sondern weil du gerade selbst so mit dir beschäftigt bist, dass deine Kapazität dafür nicht da ist. Und das ist auch völlig offensichtlich. Du kannst weder dir noch deinen Kindern etwas vorspielen.

**GEHT ES DER MAMA GUT – GEHT
ES DER FAMILIE GUT!**

Sicher hast du diesen Spruch schon mal gehört. So viel Wahrheit steckt darin! Bist du nicht diejenige, die alles daheim zusammenhält?

Deine Kinder spiegeln dir deine innere Zufriedenheit mit ihrem direkten Verhalten. Das heißt ja nichts anderes, als dass die Harmonie zu Hause, die Umgebung, in der deine Kinder aufwachsen, enorm viel mit dir zu tun hat. Welche Mama möchtest du sein? Die meckernde am Limit? Oder die entspannte voller Freude? Suggestivfrage, ich weiß.

Mir fiel es einfach plötzlich wie Schuppen von den Augen, dass ICH ganz schön viel verändern kann und auch MUSS. Ich war nicht mehr bereit, meine eigene innere Zwickmühle, meine Zerrissenheit und damit meine Unzufriedenheit weiter auszuhalten. Nicht nur wegen mir, sondern eben auch wegen meiner Familie.

MEINE KINDER WURDEN MEIN GRÖSSTER MOTIVATOR, ALLES ZU VERÄNDERN.

Wozu ich dich also ermutigen möchte: Nimm deine neuen Fähigkeiten als Mama wahr und nutze sie FÜR dich. Ich wünsche mir, dass du die Chance riechst, die sich dir zeigt, statt in einer Sackgasse zu verharren. Dass du dich auf die Suche machst, statt dich zu ergeben. Ich will dir aufzeigen, was du verändern kannst, und was dein Preis ist, wenn du es NICHT tust. Ich will dir laut entgegenrufen, dass du NICHTS – absolut gar nichts – zu verlieren hast. Im Gegenteil: Mut wird immer belohnt! Und wenn du Bammel hast? Keine Sorge – das hatte ich auch. Und vielleicht hilft dir dieser Satz:

HINTER DEINER ANGST LIEGT DEIN GRÖSSTES POTENTIAL.

Und wenn du jetzt Hummeln im Hintern hast? Großartig! Dann kommt nun die Anleitung für dein neues Leben.

In den folgenden Kapiteln möchte ich mit dir sortieren, worauf du deinen Fokus richten darfst und was einfach wegkann. Wie du wieder selbstbestimmt und voller Energie durch den Alltag surfen und dadurch einen Zugang zu neuen Ideen erhalten kannst.

Denn es ist wie beim Säen von Pflanzen: Die Erde ist entscheidend. Und ich möchte dir hier zeigen, wie deine Erde ganz viele Nährstoffe bekommt, damit da überhaupt erst etwas Neues wachsen kann.

3.

DEINE BRILLE AUF DIE WELT ODER ICH SEHE WAS, WAS DU NICHT SIEHST

*I*ch bin heute noch so dankbar, dass ich damals »zufällig« (inzwischen bin ich der Meinung, dass es keine Zufälle gibt) in den sozialen Medien über das Thema Persönlichkeitsentwicklung und Erfolg gestolpert bin. Es gab da diese Frau, die als Mama GENAU das erreicht hat, was ich mir immer gewünscht habe. Sie poppte mir einfach so auf. Und da war sie: meine Lösung! Jemand, der schon da ist, wo ich hinwill, und der mir den Weg zeigt. Eine Idee, mit der ich mich die nächsten Tage und Wochen beschäftigte. Familienkompatibel und erfolgreich. Ich sog alles auf, was sie schrieb. Und ich recherchierte bis tief in die Nacht, was ich zu den Dingen, die sie erwähnte, alles finden konnte. Und – da war sie, die Erkenntnis meines Lebens! Dieser Spruch veränderte alles:

»Deine Gedanken werden zu deiner Sprache,
deine Sprache zu deinen Handlungen,
deine Handlungen zu deinen Erfahrungen,
deine Erfahrungen zu deinen Glaubenssätzen
und aus deinen Glaubenssätzen entstehen wiederum deine Gedanken.«
CHINESISCHES SPRICHWORT

Alles, was ich also an Erfahrungen im Leben mache, lässt sich zurückführen auf meine Gedanken und meine Glaubenssätze. Weil all das Einfluss auf meine Sprache und mein Handeln nimmt. Und logischerweise führen diese Handlungen zu meinen Ergebnissen im Leben. Macht alles Sinn! Also fett zusammengefasst habe ich ne ganz schöne Macht in meinem Leben! Denn ich kann ja sowohl meine Gedanken verändern als auch meine Sprache. Ich kann an meinen Glaubenssätzen arbeiten und bewusster handeln. All das zahlt auf meine Erfahrungen im Leben ein. Und damit bekomme ich die Möglichkeit, NEUE Ergebnisse in meinem Leben zu erschaffen. Indem ich bei mir anfange. Indem ich in mir Dinge verändere. Ich werde aktiver Gestalter meines Lebens.

Nicht der Job ist schuld, nicht meine Lebenssituation, nicht irgendein Umstand im Außen. ICH selbst habe die Möglichkeit, das zu verändern. Alles beginnt MIT und IN mir! Ich war baff. Das war für mich die größte Erkenntnis in meiner persönlichen Entwicklung, dass ich tatsächlich so ziemlich alles verändern kann. Wie ich denke, wie meine Sicht auf die Welt ist, wie meine Wahrnehmung von mir und meiner Umwelt ist und wo ich herkomme, hat Einfluss auf meine Realität. Welche Erfahrungen ich bisher gemacht und welche Glaubenssätze ich mitbekommen habe, formen meine Brille und damit mein Leben.

Mir wurde bewusst, dass ich sehr viel verändern kann. Und dass ich Wahlmöglichkeiten habe, WIE ich reagiere. Und damit natürlich auch durchaus ganz neue Möglichkeiten habe.

NEUE Möglichkeiten, die ich mit meiner bisherigen Brille noch nicht sehen »konnte«. Da wollte ich hin! Ich war so was von bereit und verdaute noch diesen Satz:

ICH BIN DER SCHÖPFER MEINER REALITÄT. VERRÜCKT!

Mein Verstand hat mir bei diesem Satz damals recht laut entgegengerufen: »Na, so einfach, wie das klingt, ist das aber nicht!« Doch. Ist es. Schau: Selbst, wenn ich vielleicht nicht alles, was mir passiert, lenken kann, dann mindestens meinen Umgang damit. Mit der Annahme, dass das Leben immer für mich ist, finde ich vielleicht nicht in jeder Situation sofort ein Geschenk. Aber ich kann sie sowohl anders annehmen als auch anders damit umgehen.

Versteh mich hier bitte richtig: Ich sage nicht, dass dir nicht ein Haufen Herausforderungen oder Ungerechtigkeiten im Leben widerfahren können. Mir geht es ausschließlich darum, dass du immer entscheiden kannst, WIE du mit Situationen umgehst und wohin dein Blick sich richten soll. In die Zukunft oder die Vergangenheit.

ES IST DEIN LEBEN – DU KANNST ES GESTALTEN. PUNKT.

Die gute Nachricht: Diese Erkenntnis befähigt dich zu schlichtweg ALLEM. Denn wenn du tatsächlich aktiv so viele Möglichkeiten hast, kannst du nur noch gewinnen (im schlimmsten Fall immerhin an Erkenntnissen und lehrreichen Erfahrungen).

Die schlechte Nachricht: Du wirst dich nie wieder in eine Opferhaltung begeben können. Und zugegebenermaßen ist das manchmal schon ganz angenehm, wenn andere »schuld« sind oder wir halt einfach nicht »können«. Auch wenn du dich dabei oft durchs Leben schubsen lässt. Aber du brauchst eben auch keine Verantwortung zu übernehmen.

Dazu bitte ich dich mal ein kleines Experiment auszuprobieren: Ersetze jedes Mal, wenn du das Verb »kann« oder »muss« sagen möchtest, dieses Wort gegen »möchte« oder »will«.

Beispiele:

- Ich muss noch dringend einkaufen. = Ich will noch dringend einkaufen.
- Ich kann nicht länger aufbleiben. = Ich will nicht länger aufbleiben.
- Ich muss schnell los, sonst komm ich zu spät. = Ich möchte schnell los, sonst komme ich zu spät.

Erkennst du den Unterschied? Wie du EIGENMÄCHTIGER wirst, wenn du die Verben ersetzt. Du bleibst in der aktiven Gestalterposition.

Wie selbstverständlich lassen wir schon in unserer Art und Weise, wie wir denken und sprechen, die Annahme zu, dass wir fremdgetrieben sind. Überprüfe das einfach mal. Jedes Mal, wenn du »kann« oder »muss« sagen möchtest, wirst du erstaunt sein, wie viel besser es sich anfühlt, wenn du »will« oder »möchte« sagst. Du behältst die Macht dabei!

BLEIB SELBSTWIRKSAM!

Hierzu ein kurzer Rückblick in den ersten Teil dieses Buches. Hier war von der Fremdbestimmung während des ersten Lebensjahres deines Kindes die Rede. Auch hier kannst du, wenn du bewusst hinschaust, erkennen, dass du immer in der aktiven Haltung bleiben kannst. Auch wenn es sich teilweise völlig fremdbestimmt anfühlt. Du WILLST ja dein Baby stillen, wenn es Hunger hat. Du MÖCHTEST ja dein Kind bestmöglich begleiten – und das bedeutet eben auch, immer wieder verschiedenen Bedürfnissen den Vorrang zu geben. Auch hier lohnt sich der Blickwechsel: Ist es wirklich, WIRKLICH fremdbestimmt? Oder ist es einfach ein ganz neues Gefühl und du darfst dir auch hier die aktive Haltung zurückholen?»Ich möchte ...«,»Ich will ...« Probiere es mal aus.

Bitte halte mal kurz inne. Denn jetzt wird es wirklich wichtig. Nun geht es darum, auch hier bewusst zu wählen. Denn das ist der Moment, in dem du dich entscheiden darfst:

WIE WILLST DU DURCHS LEBEN GEHEN? IN DER AKTIVEN HALTUNG, DASS DU FÜR DEIN LEBEN VERANTWORTLICH BIST ODER IN DER PASSIVEN HALTUNG, DASS DU ANDEREN (MENSCHEN ODER SITUATIONEN) DIE VERANTWORTUNG FÜR DEIN LEBEN GIBST?

Am Ende wirst du immer recht behalten. Denn es wird sich genau das bewahrheiten, was du glaubst. Erinnere dich an die Brille. Es gibt mehrere Brillen und damit mehrere Wahrheiten. Und die große Frage ist: Was WILLST du?

Ich gehe jetzt mal davon aus, dass – wenn du so tickst wie ich – du nach dieser Erkenntnis gar nicht anders kannst, als dich für die aktive Variante zu entscheiden. Ich persönlich war angefixt. Es gab kein Zurück. Ich wollte alles darüber lernen, wie ich mit meiner Haltung, meinen Gedanken und der Veränderung von Glaubenssätzen neue Ergebnisse in meinem Leben erreichen kann. Bist du bereit? Dann lass uns anfangen!

4
INNERE ORDNUNG =
ÄUSSERE ORDNUNG

Manchmal, wenn mich etwas sehr beschäftigt oder ich gefühlt zu viele Gedanken gleichzeitig denken will, gehe ich entweder joggen oder ich räume das Haus auf. Dann wusle ich durch die Bude und räume bestimmt und voller Elan alles wieder an seinen Platz. Tim beobachtet mich manchmal kommentarlos dabei – mit einem Grinsen im Gesicht. Dabei »darf« ich nicht angesprochen werden. Das weiß er. Zum Glück ist es noch nicht so weit, dass ich die Legosteine nach Farben sortiere, aber alles andere darf durchaus ordentlich verstaut sein. Was im Schrank los ist, das ist mir wurscht. Türe zu. Sauber siehts aus. Herrlich. Und meine innere Ruhe ist hergestellt, der Gedankensalat sortiert.

Vielleicht kennst du das auch: Wenn du etwas im Außen aufräumst, klärst du damit auch einiges im Inneren. Und natürlich können wir genau das auch umkehren. Also lass uns nun mal schauen, WIE wir zuerst im Innen sortieren können.

DIE NEUE (BESTE) ORDNUNG NACH DEM STURM FINDEN. DEINE NEUE CHANCE.

Wir wollen deine Brille abnehmen und neue Möglichkeiten entdecken. Wir wollen herausfinden, wo du dich kleiner machst, wo du selbst Grenzen ziehst und wie es für dich so viel leichter und besser laufen darf. Wir wollen dein Bewusstsein erweitern, deinen Alltag erleichtern und neue Inspirationen und Ideen wecken. Wir wollen dort, wo es gerade noch sehr ruckelt, dich smooth durchs Leben gleiten lassen. Denn wenn du eins mit Sicherheit verdient hast, du großartige Mama, dann: eine dicke Portion Flow in deinem Leben.

Lass uns also die neue Erkenntnis aus dem vorherigen Kapitel umsetzen: Wenn alles, was du in dir trägst – deine Gedanken, deine Glaubenssätze, deine innere Wahrheit – am Ende zu deinen Erfahrungen wird, dann hast du nicht nur ne Menge Macht in deinem Leben, du befindest dich auch in einem sich selbst nährenden Kreislauf. Denn aus den Glaubenssätzen entstehen deine Gedanken, deine Sprache, dein Handeln. Das führt zu deinen Ergebnissen und Erfahrungen und diese wiederum bilden deine weiteren Glaubenssätze.

WENN DU NEUE ERFAHRUNGEN MACHEN MÖCHTEST, HAST DU ZWEI MÖGLICHKEITEN: DURCH ANDERE GEDANKEN UND DURCH ANDERE GLAUBENSSÄTZE.

Genauer gesagt: durch dein Bewusstsein (Gedanken, Sprache, Verhalten) und durch dein Unterbewusstsein (Glaubenssätze, innere Wahrheit, Haltung, Werte).

Starten wir mit dem Bewusstsein: Unsere Gedanken sind unglaublich mächtig. Sie sind bereits vor der Sprache und dem Verhalten da und beeinflussen unsere Gefühle, unsere Wahrnehmung und unsere Handlungen ganz automatisch. Wusstest du, dass beim Durchschnitt der Menschen etwa 85 Prozent der Gedanken negativ sind?[2] FÜNFUNDACHT-ZIG PROZENT! Selbst wenn wir oft davon ausgehen, dass wir doch so ein positives Wesen haben, wie viele unserer Gedanken sind denn tatsächlich positiv? Und wie viele sind negativ? Was denken wir, bevor wir es aussprechen? Und womit beschäftigen wir uns? Es lohnt sich das mal unter die Lupe zu nehmen und zu hinterfragen, was wir wirklich denken wollen.

ÜBUNG: GEDANKENMANAGEMENT

Beobachte deine Gedanken: Was denkst du so den lieben langen Tag an positiven und negativen Gedanken? Welche Glaubenssätze schleichen sich dabei ein und was fällt dir so auf?

Notiere dir das mal über eine gewisse Zeit. Versuche das ein paar Stunden oder einen Tag. Je länger, desto besser.

Frage dich immer bei negativen Gedanken: »Will ich das tatsächlich denken? Oder was möchte ich stattdessen denken?«

Wie ist dein Bild von dir selbst? Wie denkst und sprichst du über dich? Wie automatisch poppt dir zum Beispiel der Gedanke »Ich bin aber auch schusselig!« auf, wenn dir die Milchpackung umfällt. Oder wie sehr verurteilst du dich dafür, dass du etwas weniger Geduld an den Tag legst: »Ich bin wirklich eine beschissene Mama!«

Bleib mal ganz spezifisch, ganz aufmerksam bei deiner Gedankenwelt. Wie genau sieht sie aus? Und wie könntest du sie neu formulieren? Du merkst dabei sicher, wie du achtsamer mit dir wirst. Wie du bewusster wirst. Diese Übung erfordert eine wirklich hohe Aufmerksamkeit. Und es lohnt sich so sehr.

Wenn du nun deine Liste anschaust, sortiere die negativen Gedanken und Glaubenssätze aus und formuliere sie bewusst in positive Sätze um. Was dient dir mehr?

GEFÄLLT MIR DAS ODER KANN DAS WEG? WAS WILL ICH STATTDESSEN DENKEN?

Hast du das mal drei Tage lang geschafft, brauchst du es vermutlich nicht mehr zu notieren. Denn dann hast du schon ein inneres Bewusstsein geschaffen, wacher in deinem Köpflein zu sein und den Gedankensalat neu zu sortieren. Bleib hier innerlich dran – beobachte dich weiter.

Mir hilft bei einem hartnäckigen negativen Gedanken, den ich verändern möchte, immer das Bild von meinem Sohn, der nach dem Zähneputzen am Abend noch einen Lolli lutschen möchte. Und ich liebevoll, aber klar sage, dass er den jetzt nicht bekommt. Auch wenn er wieder und wieder damit anfängt, bleibe ich geduldig, freundlich, aber klar, dass er den nun nicht mehr bekommt. Ohne Ärger darüber (schließlich schmeckt der Lolli ja wirklich gut) – aber mit verständnisvoller Bestimmtheit, dass die Regel unumstößlich ist.

Warum das Gedankenmanagement so wichtig ist, wirst du nach spätestens einer Woche merken. Du wirst automatisch auch anders sprechen – über dich und über andere. Vielleicht beginnst du sogar schon, anders zu handeln. Vielleicht. Ansonsten bleib dran! Du wirst in jedem Fall eine Veränderung erleben.

Und ich möchte dir an dieser Stelle Mut machen – wenn es mal herausfordernd ist, die Gedanken zu sortieren – dennoch dranzubleiben.

EINE NEUE GEWOHNHEIT ETABLIERT SICH ERST NACH MINDESTENS 21 TAGEN BEWUSSTEN UMSETZENS.

Danach läuft es automatisch. Du wirst sehen: Wenn das mal »auf Autopilot« läuft, gibt es im positiven Sinne kein Halten mehr. Warum es dann automatisch läuft und wie es dazu kommt, erkläre ich dir jetzt. Denn das hat enorm viel mit unserem Unterbewusstsein zu tun. Und DAS – by the way – ist mein absolutes Lieblingsthema, weil wir damit einen riesigen Veränderungshebel haben.

5

DER HEIMLICHE CHEF IN DIR: DEIN UNTERBEWUSSTSEIN

Ist es nicht toll, Herr seiner Gedankenwelt zu sein? Zumindest in der Theorie klingt das alles ganz fabelhaft. IN DER THEORIE. Die Sache mit dem Gedankenmanagement hat mich allerdings in der Umsetzung durchaus gefordert, weil eine gehörige Portion negativen Gedankenguts in meinem Hirn herumgeisterte. Und die kommen ja schnell – die Gedanken. Manchmal gefühlt mit tausenden von Stimmen. Herrje! Wie laut das manchmal in meinen Kopf war! Jetzt, wo ich mal hinhörte. Das überraschte mich dann doch. Dennoch war mein Ehrgeiz geweckt, das zu verändern, denn eigentlich hab ich ja schon gerne alles im Griff. Es fühlte sich durchaus gut an, wenn es mir mal gelang, die Kontrolle zu behalten. Zu bestimmen und zu entscheiden. Zu sortieren und zu verändern. BEWUSST zu denken. Ich konnte also was TUN, das definitiv sehr schnell auch Auswirkungen auf meine Umgebung hatte. Ich war viel ruhiger, positiver und konnte mich besser regulieren. Das motivierte mich und ich blieb dran. Und fühlte mich SOOO mächtig!

Ich hatte ja nicht die geringste Ahnung, dass ich noch gar kein Bewusstsein dafür hatte, wo TATSÄCHLICH der wirkliche, der mächtige Veränderungshebel liegt. Denn der liegt nämlich im Unterbewusstsein.

»Unser Bewusstsein denkt, es sei der Chef. Ist es aber nicht. Unser
Unterbewusstsein denkt gar nicht, ist aber der Chef.«

Das limbische System ist der Sitz des Unterbewusstseins.[3] Und unser Unterbewusstsein ist eine absolute Wahrnehmungsmaschine. Denn Neuroinformatiker gehen davon aus, dass das limbische System pro Sekunde ca. 11 Millionen Bit an Reizen wahrnimmt, aber lediglich 40 Bit werden dabei bewusst wahrgenommen und weiterverarbeitet.[4] Für unseren Verstand nie auszumalen – völlig ungreifbar solche Zahlen. Tatsächlich steuert uns unser Unterbewusstsein zu nahezu 90 Prozent! Dazu gehören natürlich überlebenswichtige Mechanismen, aber auch Verhalten und Reaktionen, die auf dem, was wir gelernt haben und unseren Erfahrungen basieren. Ne ganz schön hohe Zahl: 90 Prozent! Ist etwas in unserem Unterbewusstsein abgespeichert, wird es eine Information, die unser Handeln beeinflusst. Das ist dann der Moment, den wir nicht mehr bewusst wahrnehmen, sondern in dem wir automatisch REAGIEREN.

☞ **Beispiel: Autofahren wird zur unbewussten Kompetenz**
Ein großartiges Beispiel ist das Autofahren. Etwas, das du erst bewusst aktiv mit dem Verstand umsetzt, viele Bewegungen gleichzeitig machst und mit der Aufmerksamkeit hellwach im Straßenverkehr bist. Dein Kopf läuft auf Hochtouren – Schweißausbruch bei der ersten Autobahnfahrt. Bewusstsein voll aktiviert. Du erinnerst dich sicher. HEUTE fährst du wie selbstverständlich gedankenverloren und gefühlt vollautomatisch durch die Rushhour. Das Autofahren ist zu deiner unbewussten Kompetenz geworden. Abgespeichert und automatisch abrufbar. Was für eine großartige Fähigkeit unseres Unterbewusstseins.

DER HEIMLICHE CHEF IN DIR: DEIN UNTERBEWUSSTSEIN **77**

DU KANNST DIR DEINEN EIGENEN INNEREN AUTOPILOTEN PROGRAMMIEREN. IST DAS NICHT IRRE?!?

Alleine dieses Wissen war für mich absolut mind blowing. Wie viele meiner »Programmierungen« will ich eigentlich leben und weiter behalten? Und was, wenn ich tatsächlich meinen Autopiloten so steuern kann, dass er DAS tut, was mich wirklich voranbringt? Diese Macht der Veränderung fand ich unbeschreiblich und ich krempelte innerlich meine Ärmel hoch. Denn jetzt ging es ernst RICHTIG los. Wie du diese Macht in dir tatsächlich FÜR dich einsetzen kannst, das zeige ich dir jetzt mit den nächsten Übungen.

ÜBUNG: GLAUBENSSÄTZE DREHEN

Du erinnerst dich an deine Liste der Glaubenssätze, die dir im Laufe deines Lebens begegnet sind. Jetzt arbeiten wir damit.

Wenn dein Unterbewusstsein lernt wie ein kleines Kind und alles in sich aufnimmt, dann kannst du genau dort auch aktiv positive Glaubenssätze platzieren.

Schreibe dir also auf, was dein bisher limitierender negativer Glaubenssatz war und drehe ihn ins positive Gegenteil.

- »Ich kann das nicht.« – *»Ich kann alles, was ich will.«*
- »Andere haben mehr und können mehr als ich« – *»Ich habe alles in mir und bin grenzenlos zu allem fähig.«*
- »Als Mutter muss ich mich hintenanstellen.« – *»Erst, wenn es mir als Mutter gut geht, kann ich ein Vorbild für meine Kinder sein.«*

Das Unterbewusstsein nimmt auf allen möglichen Kanälen wahr. Das kann hören, lesen, sprechen, schreiben oder sehen sein. Am besten ist es, wenn du so viele Kanäle wie möglich nutzt.

DU KANNST DAS UNTERBEWUSSTSEIN AUCH ALS EINE ART SCHWAMM SEHEN, DER ALLES UM SICH HERUM AUFSAUGT.

Und nun gestaltest DU den Inhalt bewusst. Suche dir zusätzlich positive Glaubenssätze, die du gerne integrieren würdest.

Nimm zum Beispiel den Satz »Ich bin wertvoll!« und befestige ihn mit einem Klebezettel an deinem Spiegel. Dann siehst du ihn immer, wenn du dich betrachtest. Sprich dir den Satz als Audio auf und höre ihn so oft es geht und abends, wenn du im Bett liegst mehrfach an. Schreibe dir 100mal den Satz »Ich bin wertvoll!« auf oder lass dir einen Handytermin mit Ton und dem Satz »Ich bin wertvoll!« alle drei Stunden aufpoppen.

Werde kreativ und schau, wo du dir noch im Alltag diese wichtige neue Wahrheit einbauen kannst, um dein Unterbewusstsein positiv zu befüllen.

Eine umfassende Liste mit positiven Glaubenssätzen findest du auch im Mitgliederbereich von www.kidsundkroetenbuch.de.

Es gibt irre viele Möglichkeiten, mit dem Unterbewusstsein zu arbeiten. Fakt ist: Das Unterbewusstsein ist ein enorm großer Hebel für Veränderungen. Und wir wissen inzwischen, dass das Unterbewusstsein kurz vor dem Einschlafen besonders aufnahmefähig ist.[5] Dann befindest du dich in der sogenannten Theta-Phase. Das ist der Zustand zwischen Wachheit und Schlaf. Du kennst es sicher ... das nebelige Wegdämmern, während du deine Kinder gerade ins Bett bringst. Ein großartiger Moment, um sich Stöpsel ins Ohr zu packen und mit positiven Glaubenssätzen berieseln zu lassen.

Als ich mit persönlicher Weiterentwicklung und positiven Glaubenssätzen begonnen habe, war mein kleiner innerer Kritiker immer mal wieder recht laut. Es klang zu einfach: Ich sage mir ein paar positive Sätze – und schwuppdiwupp habe ich ein anderes Selbstbewusstsein. Oder wie? Es war zu schön, um wahr zu sein.

Dennoch – ich habe es ausprobiert. Ich überflog die Liste und dachte mir: Nette Sätze, das glaub ich doch schon fast alles irgendwie.

Ich war dann überrascht, als ich mich näher damit beschäftigte und damit arbeitete, wie viele Sätze sich doch noch ganz und gar nicht nach meiner Wahrheit anfühlten. Wie komisch mir zumute war, diese Sätze laut zu sagen. Geschweige denn, mir dabei im Spiegel in die Augen zu sehen. Und merkte, wie viel wahr daran ist, dass man sich oft kleiner macht als man ist. Und als die Sätze immer mehr in mir zu wirken begannen, ich sie leichter und leichter über die Lippen bekam, anfing, sie zu fühlen und zu verinnerlichen, merkte ich, was für eine Veränderung in mir stattfand. Ich war baff. Nur Worte. Nur Buchstaben. Nur ... WOW!

ES GAB SÄTZE, DIE MIR EINE GÄNSEHAUT GEMACHT HABEN, ALLEIN SCHON, WENN ICH SIE INNERLICH VOR MIR HERSAGTE. DA WURDE MIR KLAR, WIE OFT ICH MICH DOCH KLEINER MACHTE, MIR WENIGER ZUTRAUTE UND DASS DA GANZ SCHÖN VIEL LUFT NACH OBEN WAR, WAS MEIN SELBSTWERTGEFÜHL ANGING.

Hast du auch einen lauten Kritiker in dir? Dann lade ich dich zu einem kleinen Experiment ein:

EXPERIMENT: SCHAU MIR IN DIE AUGEN, KLEINES!

Geh mal auf und www.kidsundkroetenbuch.de lies dir die ersten zehn positiven Glaubenssätze mit Blick in die eigenen Augen vor dem Spiegel laut vor. Und dann sag mir mal, ob du dir wirklich, WIRKLICH alles glaubst, was du da liest. Wähle dann davon den Glaubenssatz aus, mit dem du die größten Schwierigkeiten hast. Und mit DEM Satz befüllst du dann dein Unterbewusstsein.

Mein Selbstbewusstsein pustete sich also langsam auf wie ein Luftballon und es fühlte sich so gut an. Nach so viel mehr ICH. Mit diesem anderen, neuen Gefühl sah ich auch für mich plötzlich viel mehr als möglich an. Ich wurde nicht nur mental stärker, sondern auch mein Verstand dehnte sich in seinen Denkmöglichkeiten aus. Ich traute mir mehr zu, hatte plötzlich Werkzeuge an der Hand, um mich besser zu regulieren, wenn mich Themen triggerten, konnte anderen leichter verzeihen, bekam eine viel größere innere Ruhe und erlangte einen weiten Blick auf mein Leben. Ich spürte mich so viel stärker. Und da war so viel da. So viel, das gelebt werden wollte. So viel, das umgesetzt werden wollte. So viel, das ich ausprobieren wollte. So viele Ideen. Es war, als würde eine neue Ära beginnen.

Was mit ein paar belächelten Sätzen begann, endete mit einer inneren Stärke, die mich selbst fast umhaute. Ich war »on fire«. Und begann, mich noch intensiver mit dem Unterbewusstsein zu beschäftigen.

Meine heutige absolute Lieblingsmethode, mit dem Unterbewusstsein zu arbeiten, ist die Meditation. Ich liebe es, durch geführte Sätze und innere Bilder eine neue Welt zu eröffnen. Vielleicht kommt hier die Bühnenbildnerin in mir wieder zum Vorschein. Meine Leidenschaft, früher im Theaterraum großartige Atmosphären zu schaffen, indem ich das Publikum durch Raum und Inszenierung in eine andere Welt abtauchen ließ, kann ich heute voller Liebe und Detailgenauigkeit im Seelenraum eines Menschen anwenden. Im Mitgliederbereich von www.kidsundkroetenbuch.de findest du ein paar meiner Meditationen. Probiere es mal aus!

Aus irgendeinem Grund habe ich geführte Meditationen erst spät in meinem Leben kennengelernt. Ich kannte meditieren in der reinen Stille. Aber ich war einfach viel zu hibbelig, um das durchhalten zu können. Und irgendwie hatte es auch einen esoterischen Touch. Dennoch bewunderte ich heimlich, welche positiven Auswirkungen so eine Meditation wohl haben konnte. Doch für mich war das nix. Ich schaffte es nie, meine Gedanken wieder einzufangen. Und wenn ich es DOCH mal mit jemandem ausprobierte, hoffte ich nur, dass es schnell vorbei war.

Geführte Meditationen lernte ich deutlich positiver durch Hypnobirthing[6] kennen. Ich würde im Nachhinein behaupten, dass das Kennenlernen und Auseinandersetzen mit Hypnobirthing (als Vorbereitung auf meine erste Geburt) meine ersten Berührungspunkte mit Persönlichkeitsentwicklung waren. DAS war mir aber zu dem Zeitpunkt noch überhaupt nicht bewusst. Die Brücke konnte ich erst sehr viel später schlagen. Aber tatsächlich: Hier hörte ich das erste Mal von Glaubenssätzen, von

Mentaltrainings oder Achtsamkeit und lernte Methoden der Selbsthypnose und tiefe Meditationen kennen.

Ich kann mich noch genau daran erinnern, wie ich Tim damals zu diesem Hypnobirthing-Kurs mitschleppte und er es grummelig mir zuliebe mitmachte. Für ihn war das damals alles Hokuspokus und einfach nicht sein Ding. Was ein paar Jahre später schon viel bekannter war, das war zu dieser Zeit eine absolute Seltenheit. Selbst in Berlin. Es war kaum ein Kurs zu bekommen. Und zugegebenermaßen waren die Teilnehmerpaare komplett anders als Tim und ich. Neben dem Allein-Geburt-Anwärter-Paar, das im Wald lebte, waren noch zwei sehr spirituelle Räucherstäbchen-Schwangere und ein Paar, das alles versuchte, um die traumatische Erfahrung der ersten Geburt nicht erneut zu erleben, dabei. Dazwischen Tim und ich. Normalos. Eher rational und alles andere als esoterisch veranlagt. Tim hatte aber keine Wahl. Ich wollte den Kurs unbedingt machen und er konnte mir als Erstgebärender diesen Wunsch nicht einfach abschlagen. Also saßen wir da. Meditierten, machten Partnerübungen und tönten gemeinsam.

Ich hatte von dieser fixen Idee gehört, dass Geburt etwas ganz Natürliches ist und nicht schmerzhaft sein muss. Dass es Techniken gibt, die einen in diesen natürlichen Entspannungszustand brachten, um den Körper auch in einer völlig neuen Ausnahmesituation wie der Geburt, seinen natürlichen Geburtsprozess machen zu lassen. Dass durch diese Entspannung Endorphine als natürliches Schmerzmittel ausgeschüttet werden können und damit die Geburt so viel leichter und eben schmerzfrei wird.[7]

Die Idee war gar nicht fix, sie war genial. Ich lernte all das und meditierte sechs Wochen vor der Geburt meine persönliche Geburts-Trance täglich. Ich fütterte mein Unterbewusstsein mit dem genauen Fahrplan für die Geburt. Mit einem automatisch abrufbaren Weg, immer und immer wieder in mich gekehrt zu bleiben, zu entspannen und zu vertrauen. Und es traf alles ein. Alles. Ich hatte eine wundervolle erste Geburt. Trotz Einleitung und Wehensturm (wie mir im Nachhinein berichtet wurde), kann ich nicht sagen, dass ich Schmerzen hatte. Das ist doch völlig verrückt. Wäre ich nicht selbst dabei gewesen, würde ich es nicht glauben.

Da hatte ich also meinen Beweis. Unterbewusstseinsarbeit funktioniert. Meditationen sind ein Megawerkzeug. Als ich dann Jahre später mit der Persönlichkeitsentwicklung startete, erinnerte ich mich wieder an diese Momente und war voller Begeisterung das nun auch selbst zu lernen und viel stärker in mein Leben zu integrieren.

Es gibt inzwischen viele Studien, die die positiven Auswirkungen von Meditationen belegen.[8] Für deine eigene Ausgeglichenheit, um zur Ruhe zu kommen oder sogar zur Stärkung deines Immunsystems lohnt es sich, das Thema Meditation in dein Leben zu lassen.

Denn hier ist – ebenfalls wie beim Einschlafen – in deinem Gehirn die Theta-Phase höchst aktiv. Man nennt es auch Theta-Wellen. Wenn du meditierst, kann bei Theta-Mustern das Bewusstsein sogar ungewöhnliche Problemlösungen finden, den berühmten Geistesblitz oder es können sich tiefe Einsichten einstellen und Visionen entwickeln.[9] Auch die Intuition ist gut zugänglich in diesem Zustand. Da diese Theta-Wellen genau die gleichen sind wie in bestimmten Schlafphasen – z.B. beim Einschlafen bin ich übrigens schon oft in Meditationen weggepennt. Aber das macht überhaupt nix. Das Unterbewusstsein nimmt trotzdem alles auf. Hervorragend – oder?

IN GEFÜHRTEN MEDITATIONEN KANNST
DU DEIN UNTERBEWUSSTSEIN BESTENS
MIT POSITIVEN ASSOZIATIONEN UND
EMOTIONEN BEFÜLLEN ODER PERSPEKTIVEN
AUF ERINNERUNGEN VERÄNDERN, DIR
DEIN EIGENES POTENZIAL BEWUSST
MACHEN UND DEINEN BLICK AUF DIE
ZUKUNFT GESTALTEN. HERRLICH!

6

VOM TRAMPELPFAD ZUR AUTOBAHN – NEUROPLASTIZITÄT ODER DAS WUNDER GEHIRN

Ich bin doch immer wieder fasziniert, WIE so ein kleines Menschlein aufwächst. Was es innerhalb kürzester Zeit erlernt – sei es Dinge greifen, laufen oder sprechen. Unser Jüngster – Jacob – konnte zum Beispiel schon mit 1,5 Jahren Fußball spielen. Und ich meine nicht einfach nur so einen Ball zufällig kicken. Er nahm Anlauf, warf den Lederball hoch und traf zielsicher mit kräftigem Schuss ins Tor. Eine bemerkenswerte Leistung für knappe 18 Monate. Jacob hatte mit seinen älteren Brüdern natürlich zwei Vorbilder, die tagtäglich Fußball spielten. So lernte er durch Zusehen und immer wieder ausprobieren – also stetiges Wiederholen – eine Fähigkeit, die Gleichaltrige so vielleicht noch nicht beherrschen.

Was passiert da in unserem Oberstübchen? Wie kann ein Mensch solche Kompetenzen erlernen und wie können wir uns das bewusst zunutze machen?

NEBEN UNSEREM GRANDIOSEN UNTERBEWUSSTSEIN HABEN WIR NOCH EINE WEITERE WUNDERWAFFE: UNSER GEHIRN.

Wenn wir verstehen, wie unser Gehirn »lernt«, verändert das auch die Wahrnehmung unserer eigenen Fähigkeiten[10] (was im Übrigen auch unseren Selbstwert positiv beeinflusst). Wir können bewusster unsere Gedanken steuern und schaffen durch dieses Wissen mehr Durchhaltevermögen und Anerkennung der Sinnhaftigkeit von simplen Wiederholungen.[11]

Bei unserer Geburt kommen wir mit sage und schreibe 86 Milliarden Nervenzellen auf die Welt.[12] Diese sind allerdings noch nicht vollständig miteinander verbunden und werden nach und nach im Laufe unseres Erwachsenwerdens (und noch darüber hinaus) entwickelt. Dies Verbindungen nennt man Synapsen. Du kannst dir das wie Pfade vorstellen, die bei einer ersten Verbindung noch dünne, kaum erkennbare Trampelwege sind und später – nach häufiger Wiederholung – zur dicken Autobahn werden. So lernen wir und entwickeln uns. Diese Entwicklung hört bis ins hohe Alter nicht auf. Unser Gehirn verändert sich stetig, lernt dazu, löscht alte Verbindungen, die nicht mehr gebraucht werden, und passt sich an. Die Fähigkeit unseres Gehirns, seinen Aufbau und seine Funktion so zu verändern, dass es optimal auf äußere Einflüsse reagieren kann, nennt man Neuroplastizität. Wenn wir also neue Erfahrungen machen, nutzen wir das Gelernte oft, um unser künftiges Verhalten anzupassen. Und hier wird es spannend: Wenn wir in eine ganz bestimmte Richtung »wachsen« wollen, können wir unser Denken darin unterstützen, indem wir immer und immer wieder die Fähigkeiten wiederholen, die wir ZUKÜNFTIG haben wollen.

WIR WOLLEN UNS VOM LERNEN ZUM KÖNNEN ENTWICKELN. UND DAS SIMPLE WERKZEUG DAZU HEISST: WIEDERHOLUNG, WIEDERHOLUNG, WIEDERHOLUNG.

Ich gebe es zu: Ich selbst habe eine gehörige Portion Ungeduld in mir, was meine Fähigkeiten angeht. Klappt etwas nicht SOFORT, werde ich unruhig. Es fällt mir dann schwer, mich zu motivieren, an etwas dranzubleiben, bis sich die gewünschte Veränderung einstellt und ich ein Ergebnis sehe. Am liebsten ist es mir, ich mache etwas und sehe direkt danach ein Resultat.

Dass unser Gehirn so nicht funktioniert und dass aber jeder einzelne Schritt – jede Wiederholung – eine neuronale Verbindung stärkt und den Weg weiter zur Autobahn pflastert, hilft mir inzwischen enorm, mehr Geduld an den Tag zu legen. Ich sehe die Veränderung vielleicht noch nicht sofort – sie ist aber DA!

Mich machte es früher zum Beispiel regelrecht fuchsig, dass ich trotz besseren Wissens, dass Kinder das Wort NICHT oft überhören, meinem Zweijährigen hinterherrief: »NICHT rennen!« – »NICHT den Schlamm essen!« – »NICHT das Auto in die Toilette werfen!«.

Ich WUSSTE schon, dass ich damit in seinem Kopf eher das Bild aufmache: »Ja, lustig! Lass uns mal schauen, wie das Auto in der Toilette schwimmt!« UND ich hatte in dem Moment in der Geschwindigkeit NOCH keine Handlungsalternative in meinem Kopf parat. Ich übte also immer weiter, eher positive Formulierungen zu finden und meinem Kind Hilfestellung zu geben, was es stattdessen machen sollte.

»Schau mal, äh ... ähh ... Toilette ... Oh, wollen wir mal schauen, ob das Auto das Geländer runterflitzen kann?« Oh, super Idee! Joshua läuft zum Geländer. Puh, Schweiß von der Stirn gewischt. Gerade noch mal die Kurve bekommen.

Und es wurde leichter und leichter, in den Situationen ad hoc Alternativen in petto zu haben und meine Kinder mit positiven Formulierungen von Dingen abzuhalten, die für alle Beteiligten – sagen wir mal – »ungünstig« sind.

Jedes Mal, wenn ich also heute etwas Neues lernen möchte, bleibe ich so lange dran. Ich wiederhole stoisch und stumpf immer wieder dasselbe, bis eine sichtbare Veränderung eintritt. Denn ich weiß, dass sich bei jeder Wiederholung zwei kleine Neuronen in meinem Hirn die Hand reichen und daran arbeiten, dass dieses Wachstum für mich schnellstmöglich auch im Außen erkennbar wird.

Danke, ihr lieben kleinen Synapsen – ihr macht wundervolle Arbeit und MICH so viel geduldiger!

7

WIE DU DURCH DEINE INNERE HALTUNG DEINEN JETZT-ZUSTAND POSITIV VERÄNDERN KANNST

Ich kann mich an eine – zum Glück kurze – Zeit in der Schule erinnern, für die ich heute immer noch etwas Scham empfinde. Eine Zeit, in der ich mit ein paar Freundinnen eine Art »Läster-Sport« betrieben habe. Wir liebten es, über alles und jeden herzuziehen. Wir fanden überall irgendetwas Negatives. Und wir waren gehässige und gemeine Teenies.

Warum haben wir das gemacht? Das schweißte uns zusammen. Es gab immer etwas, worüber wir sprechen konnten. Wir hatten immer etwas zu lachen. UND vor allem lenkte es von unserer eigenen Unsicherheit ab. Wir fühlten uns selbst besser, indem wir andere schlechter machten.

Heute läuft es mir kalt den Rücken runter, wenn ich daran denke, wie wir kichernd unsere Köpfe zusammensteckten. Aber gut, so war es eben.

Dass es das Phänomen auch im Erwachsenenalter gibt, siehst du allein schon, wenn du dich in den Bus setzt und mal aufmerksam den Gesprächen anderer lauschst. Das schlechte Wetter, der anstrengende Arbeitgeber, die Knieverletzung oder das Unkraut im Garten. Es findet sich immer ein Gesprächsthema. Gemeinsam jammern tut gut. Einziger Trugschluss dabei ist:

GETEILTES LEID IST NICHT HALBES LEID – SONDERN GETEILTES LEID IST DOPPELTES LEID.

Warum? Weil ich danach nicht nur mein negatives Gedankengut nach Hause trage, sondern auch das meines Gesprächspartners. Den Satz darfst du gerne noch mal lesen: Ich trage nicht nur mein eigenes negatives Gedankengut nach Hause, sondern auch das meines Gesprächspartners! Wow!

Und vielleicht habe ich durch diese so bewegende Story dann den Drang, DAS auch noch weiterzuerzählen und zu teilen: »Frau X hat mir heute erzählt, wie Frau Y ihr erzählt hat, dass ...« You name it.

Und damit meine ich nicht, wenn du wirklich etwas Bewegendes mit einer guten Freundin besprichst, sondern das allgemeine (und unnötige) Jammern, Meckern oder Bewerten.

Und nun meine Beobachtung: Wie oft ist dir aufgefallen, dass das auch bei POSITIVEN Themen der Fall ist? Und damit meine ich nicht, dass der Neid rüberschwappt, sondern ein ganz aufrichtiges Freuen und Feiern? Kommt bestimmt vor, aber wir wissen beide, dass es deutlich seltener der Fall ist.

Geh doch mal kurz in dich und überleg, worüber du dich mehr austauschst mit anderen: Das, wo es mega gut läuft, Familie, Kinder, Wohnung, alles top – AAABER die Schwiegermutter ... Worauf richten wir also den Fokus? Auf die 98 Prozent, die top laufen (in unseren Augen vielleicht »normal« und damit nicht erzählenswert), oder auf die 2 Prozent, die, naja, sagen wir mal, »mit viel Potenzial nach oben« laufen? Du weißt, was ich meine.

Wenn noch nicht so ganz, dann lass dich auf ein kurzes Mini-Experiment ein:

EXPERIMENT: SMALL TALK – UND BEI DIR SO?

Nimm mal dein Handy und ruf die erste Person an, die dir einfällt, mit der du quatschen kannst – wie es denn geht und so. Und dann achte mal ganz genau darauf, auf welche Themen ihr kommt. Eher Erfreuliches? Oder eher so semigut laufende Dinge?

DAS meine ich!

Es ist ganz gut, zu verstehen, warum wir da so ticken, um es dann im zweiten Schritt auch tatsächlich ändern zu können.

WIR SIND OFT IN UNSEREN KÖPFEN IM WORST-CASE-SZENARIO.

Evolutionsbedingt ist das ganz natürlich. Früher ging es ums Überleben. Also war es enorm wichtig, Gefahren und Dinge, die nicht so gut liefen, zu erkennen, um daraus zu lernen und weiter zu überleben.[13] Was gut lief, wurde vielleicht mal kurz erwähnt, aber dann weiter Fokus auf: Was könnte mir hier oder da passieren? Ein absoluter Schutzmechanismus, der im Unterbewusstsein verankert ist und den wir zum Glück heute nicht mehr brauchen.

Heißt: Wenn wir das verstehen, können wir anfangen, bewusst umzudenken. Und:

UMDENKEN IST DER ERSTE WICHTIGE SCHRITT ZUR VERÄNDERUNG.

Auf in den BEST CASE. Okay. Wie kommen wir da hin?

Ich gebe dir nun drei wichtige Alltagsschritte hierfür an die Hand. Wenn du diese Schritte für dich umsetzt, wirst du merken, dass sich in dir und deiner Umgebung einiges verändert. Gehst du mit einer anderen Haltung, mit positiveren Gedanken und stärkenden Glaubenssätzen in den Tag, wirst du überrascht sein, wie anders deine Umwelt auf dich reagiert.

Manches davon klingt nach Kleinigkeiten. Das stimmt. Aber auch mehrere kleine Steine können eine Lawine auslösen. Und doch ist es ein Prozess, das umzusetzen. Was du daran aber in jedem Fall merkst, ist, dass deine innere Haltung einen enormen Einfluss auf deine Umgebung hat. Und dass dein Tag doch anders läuft. Dass du anders reagierst. Dass dir andere Dinge passieren. Dass dir andere Dinge in den Kopf kommen. Oder dir andere Dinge auffallen.

Vielleicht merkst du, was für eine Macht du plötzlich hast. Vielleicht erkennst du, dass du doch so viel verändern kannst. Dass du dein Leben viel bewusster gestalten kannst.

Und wenn dir dieses Ausmaß klar wird, dann weißt du:

ICH KANN IM JETZT NEUE ANNAHMEN TREFFEN, DIE MORGEN MEIN ERGEBNIS SIND.

Dann mal los:

STEP 1 – NUTZE EIN INNERES MANTRA

Nutze bewusst positive Glaubenssätze als tägliches Mantra, wenn du merkst, dass du in einer bestimmten Situation anders reagierst, als du es gerne hättest. Ein Mama-Klassiker ist, wenn der Stress mal wieder überhandnimmt oder du unter Zeitdruck morgens alle fertig machen musst, dass du dir innerlich immer wieder vorsprichst:»Ich hab für alles genügend Zeit! Ich hab für alles genügend Zeit! Ich hab für alles genügend Zeit!« Du wirst sehen, wie dein Puls runtergeht. Wie du innerlich ruhiger wirst. Und wie du in dieser Ruhe viel fokussierter und zielgerichteter tatsächlich alles in der vorgegebenen Zeit bewältigst.

STEP 2 – SUCHE DIR VERBÜNDETE

Wähle bewusst deine Umgebung. Für welche Gespräche stehst du zur Verfügung? Worüber willst du dich austauschen und was hörst du dir von anderen gerade an? Verbinde dich mit Gleichgesinnten, die ähnlich bewusst mit ihren Gesprächen umgehen wollen. Vielleicht kannst du auch Freunde dafür begeistern, mitzumachen? Erzähl ihnen von deinem neuen Wissen und wie du es umsetzen möchtest.

STEP 3 – SEI DANKBAR

Da Dankbarkeit DER Türöffner überhaupt ist und der vielleicht wichtigste Schritt, möchte ich dir das im nächsten Kapitel umfassend erklären und dir auch Übungen an die Hand geben, wie du das im Alltag gut umsetzen kannst.

8
DANKBARKEIT
ALS TÜRÖFFNER

ls ich klein war, legten meine Eltern sehr großen Wert auf einen höflichen Umgang. Wir Kinder sollten lernen, dankbar zu sein. Nicht nur »Danke!« und »Bitte!« zu sagen, sondern eine grundsätzlich dankbare Haltung auch dem gefühlt Selbstverständlichen gegenüber einnehmen. Ganz ehrlich: Damals habe ich nie so recht geschnallt, warum. Höflich, klar, ist logisch. Netter Umgang und so. Aber mit tiefer Dankbarkeit verband ich eher ein Gefühl von Demut. Und das fühlte sich so unterwürfig an. So seltsam klein. Vielleicht habe ich einfach nicht richtig verstanden, was meine Eltern damit meinten, oder mein inneres Rebellentum fand es einfach per se doof. Heute sehe ich das ganz anders und verstehe, WARUM Dankbarkeit einer der Gamechanger überhaupt sein kann.

Aufrichtige, ehrliche, warme Dankbarkeit zu erhalten – das ist ein wunderbares Gefühl. Dabei geht es nicht um ein höfliches »Dankeschön!«, sondern um die aufrichtige Haltung von Dankbarkeit. Anerkennung, Wertschätzung, Wahrnehmung, Zuneigung. Da geht unser Herz auf. Ein zwischenmenschliches emotionales Umarmen in Worten – zumindest, wenn es ehrlich gefühlt wird: »Hey, DANKE, so schön, dass du da bist!«

Und es ist noch viel mehr als das: Wenn wir Dankbarkeit empfinden, setzt unser Gehirn Dopamin und Serotonin[14] frei – zwei Hormone, die dafür sorgen, dass wir uns glücklich fühlen.

Auch die Quantenphysik, die Wissenschaft und die Psychologie sind sich einig: Eine dankbare Haltung verändert unsere Lebenszufriedenheit. Dankbare Menschen sind optimistischer, glücklicher, einfühlsamer, fitter, erfüllter, selbstbewusster, zufriedener, angstfreier und belastbarer als andere.

Dankbarkeit verändert unsere Wahrnehmung. Dankbarkeit verändert unsere Ausstrahlung. Dankbarkeit erdet uns.

Die Wissenschaftlerin Barbara Fredrickson bezeichnet den positiven Effekt der Grundstimmung, die Dankbarkeit erzeugt, als »Broaden-and-Build Effekt«.[15] Eine Art Aufwärtsspirale, die uns befähigt, mit einer positiven Emotion kurzfristig andere innere Ressourcen zu erlangen (zum Beispiel Offenheit, Lösungsorientiertheit, Flexibilität) und damit langfristig andere Ressourcen (Gelassenheit, Resilienz, Selbstbewusstsein) zu etablieren. Kurz:

GELEBTE DANKBARKEIT ZIEHT WEITERE POSITIVE EFFEKTE NACH SICH.

Für wie viel im Leben können wir tagtäglich dankbar sein, haben aber den Blick dafür verloren, weil wir uns so sehr daran gewöhnt haben und es uns schon selbstverständlich vorkommt?

DANKBARKEIT IST WIE EIN MUSKEL, WIRD ER NICHT TRAINIERT UND NICHT TÄGLICH BENUTZT, ERSCHLAFFT ER.

Im Übrigen ist Dankbarkeit selbst in herausfordernden Situationen ein hilfreiches Mittel, um den Blick zu verändern und sich selbst emotional wieder »hochzuschrauben«. Dankbarkeit hilft, Schwierigkeiten eher anzunehmen und einen besseren Umgang damit zu finden. Lass uns also den Muskel aktivieren, um diese Aufwärtsspirale für uns zu nutzen:

ÜBUNG: DANKBARKEITSTAGEBUCH

Schreibe jeden Tag (morgens oder abends) mindestens fünf Dinge auf, für die du dankbar bist. Versuche, die Dankbarkeit richtig zu fühlen. Beschreibe Erlebnisse mit Personen oder konkrete Situationen, Gegenstände oder Ereignisse.

Im Übrigen kannst du selbst für vermeintlich negative Dinge des Lebens Dankbarkeit empfinden. Dazu gibt es diesen tollen Reminder: »No rain, no flowers!« Also, wo könntest du vielleicht für etwas dankbar sein, OBWOHL es im ersten Moment eine Herausforderung war. Im Nachhinein hat es dich vielleicht irgendwo hingebracht. Es lohnt sich auch hier, mal kurz innezuhalten und dich daran zu erinnern, dass es das eine oder andere für dich vielleicht gebraucht hat, um dir noch so viel mehr zu schenken.

Versuche, nicht so häufig die gleichen Sachen zu schreiben, sondern immer neue Dinge zu finden. Eine andere Facette, ein anderes Detail. Lies dir das Geschriebene laut vor und bade in dem Gefühl der Dankbarkeit. Schließe gerne kurz die Augen, leg deine Hand auf dein Herz und lass das Gefühl sich ausbreiten.

Mache das wirklich über einen längeren Zeitraum. Am besten etablierst du es als tägliche Routine. Du wirst überrascht sein, wie viel mehr dir auffällt, wofür du noch dankbar sein kannst.

Dankbarkeitstagebuch zu führen ist die effektivste Methode und ein absoluter Türöffner für eine positivere Grundhaltung. Daher empfehle ich dir: Kauf dir ein schönes, leeres Buch, ein Journal oder etwas Ähnliches, und gib dieser Übung deine volle Aufmerksamkeit. Es kostet dich keine fünf Minuten am Tag und dein Gewinn ist enorm.

ÜBUNG: DANKES-BRIEF

Eine zweite Übung, die vielleicht schon ein bisschen herausfordernder ist, sich aber sehr lohnt, ist das Schreiben eines Dankes-Briefes:

- Wem in deinem Leben bist du dankbar und hast es schon länger nicht erwähnt?
- Wer in deiner Umgebung könnte eine aufrichtige, warme Wertschätzung gerade gebrauchen und wo ist es schon längst überfällig, mal DANKE zu sagen?
- Bei wem fällt es dir sehr schwer, deine Dankbarkeit auszudrücken, obwohl sie doch eigentlich da ist?

Nimm dir Zeit dafür und schreibe mindestens fünf Menschen einen (vielleicht sogar handgeschriebenen) Dankes-Brief. Freu dich auf die Reaktionen und auf das, was du damit so lostrittst.

9
BRING LICHT INS DUNKLE ODER DER SINN VON VERGEBUNG

A ls ich das erste Mal die Übung mit dem Dankes-Brief an fünf Personen in meinen Leben gemacht habe, hat es mich emotional ganz schön durcheinandergeschleudert. Die Dankbarkeit war tief und ernst gemeint. Dennoch fiel es mir bei dem einen oder anderen total schwer, den Blick darauf zu richten, weil gleichzeitig auch hochkam, wofür ich GANZ UND GAR NICHT dankbar bin. Wo Vorwürfe oder ein innerer Groll aufstiegen. Erinnerungen an Zusammenhänge und Erfahrungen, die ich zu dem Zeitpunkt einfach immer noch richtig, richtig doof fand.

Heiße ich das dann alles automatisch gut, weil ich jetzt meiner Dankbarkeit Ausdruck gebe? Male ich jetzt einfach mit bunten Farben über ein Bild, aber dahinter ist es schwarz und düster? Ich hatte teilweise einen gehörigen Widerstand in mir – und es hat mich einiges gekostet, den zu überwinden.

Bei der Persönlichkeitsentwicklung poltert es innerlich auch hin und wieder. Vielleicht hast du die eine oder andere Bitterkeit in dir, weil du einen Glaubenssatz von jemandem mitbekommen hast, der dich jetzt belastet, und du dir denkst:»Maaaannnn, warum hast du mir das so mitgegeben?!«

Vielleicht trägst du auch eine Wut oder eine Enttäuschung in dir, eine Traurigkeit über etwas, das du erlebt oder eben gerade nicht erlebt hast. Ich verstehe das.

Jeder trägt sein eigenes emotionales Päckchen von Erfahrungen und herausfordernden Situationen mit sich. Es belastet uns im wahrsten Sinne des Wortes. Die Erinnerung daran bringt eine Schwere in unser Leben.

Ich möchte das, was dir widerfahren ist, nicht klein machen, akzeptieren oder entschuldigen. Was ich dir aber aus tiefstem Herzen empfehle, ist dich davon emotional zu befreien – und zwar über den Weg der Vergebung.

VERGEBUNG DIENT IN ERSTER LINIE DIR, UM LOSZULASSEN.

Es befreit. ERSTMAL Dich.

Vergebung bedeutet vorrangig, dass DU deinen emotionalen Ballast abwirfst. Dass du nicht mehr zulässt, dass deine Vergangenheit dein JETZT belastet. Dass du selbst dir zuliebe loslässt, um dich heute nicht mehr davon beeinflussen zu lassen.

Vielleicht fragst du dich jetzt: »Hey, ich dachte, es geht hier um mein Berufsleben, was haben da diese Themen zu suchen? Ist es denn wirklich nötig, da hinzuschauen?«

Es mag sein, dass du das Thema überspringen magst. Und meine Empfehlung ist, das nicht zu tun. DU spielst eine sehr große Rolle in deinem Leben und dein Erfolg hat auch viel mit deiner Persönlichkeit zu tun. Deshalb ist es enorm wichtig, zu schauen, wo du noch Blei an deinen Beinen hast oder was dich ausbremst.

Was nicht heißt, dass wir uns lange damit beschäftigen müssen oder erst mal Pause machen und zurückschauen. Ganz und gar nicht. Mir geht es vor allem darum, dass wir, jedes Mal, wenn wir wieder etwas Blei von unseren Beinen lösen konnten, so viel leichter und schneller vorankommen. Dass wir dabei mit dem Blick in Richtung Erfolg weiterlaufen, ist meine dringende Empfehlung.

Vergebung ist oft ein großer Schritt. Meist ein großer Schritt in die eigene Freiheit. Ein großer Schritt zu mehr Leichtigkeit und Zufriedenheit. Ein großer Schritt, um Wut, Groll und Schuldzuweisungen loszulassen. Ein großer Schritt in Richtung mehr Selbstliebe.

Bist du sogar bereit, auf die andere Person zuzugehen und deine Vergebung laut auszusprechen, ist das natürlich das Sahnehäubchen. Ich kann verstehen, dass das – je nach Thema – ganz unterschiedlich große Überwindung kostet. Vielleicht erscheint es sogar kaum möglich. Falls du den Schritt gehen magst: großartig! Falls nicht, tue zumindest dir selber den Gefallen und vergib der Person in deinem Inneren.

Im Übrigen gehören zu »den Personen« auch wir selbst. Sich selbst für eine Situation zu verzeihen, in der man zum Beispiel nicht die Mama war, die man eigentlich sein wollte, ist ebenso ein großer und sehr wichtiger Schritt.

Ich weiß nicht, ob dir das auch schon mal passiert ist, ich glaube ja, dass fast jede Mama Erinnerungen an Situationen hat, in denen sie nicht die Mama war, die sie sein wollte. Und sich danach selbst hart verurteilt, was sie gemacht oder den Kindern gesagt hat. Meist aus Überforderung.

Mir persönlich fiel es in solchen Situationen unfassbar schwer mir selbst zu verzeihen – auch wenn ich mich bei meinen Kindern aufrichtig entschuldigt habe. Meine eigene Erwartung, wie ich als Mama sein möchte, und der Schmerz, dass ich es in der Situation nicht hinbekommen habe, waren so groß. Ich wollte es mir sozusagen »nicht durchgehen lassen«. Doch damit biss sich die Katze in den Schwanz. Denn so lag mein Fokus auf dem eigenen Vorwurf des Versagens und nicht auf der Bereitschaft, lösungsorientiert danach zu schauen, was es braucht, damit SOWAS nie wieder passiert. Allerdings war mir das lange gar nicht bewusst.

SICH SELBST FÜR ETWAS ZU VERZEIHEN, IST DIE KÖNIGSDISZIPLIN UND EIN WICHTIGER AKT DER SELBSTLIEBE.

Wollen wir, dass unsere Kinder Selbstliebe und Vergebung lernen? Dann leben wir es ihnen vor. Verzeihen wir uns und anderen.

Dazu möchte ich dir noch ein, wie ich finde, sehr schönes Bild an die Hand geben. Stell dir vor, es gibt zwei Räume nebeneinander. Der eine Raum ist dunkel und steht für die Schattenseiten im Leben. Der andere Raum ist direkt daneben. Er ist hell und beinhaltet all die schönen Seiten im Leben. Dazwischen ist eine Tür. Die Tür der Vergebung. Was passiert also, wenn wir sie öffnen?

Licht erhellt den dunklen Raum. Das Dunkle wird nie rüber in den hellen Raum wandern. Licht bleibt immer stärker. Du kannst nur gewinnen, wenn du dich an die Vergebung rantraust. Lass uns also mehr Licht ins Dunkle bringen und befreie dich von altem Ballast.

Es gibt ein altes hawaiianisches Vergebungsritual mit dem lustigen Namen Ho'oponopono. Der Name bedeutet so viel wie »etwas in Ordnung bringen« oder »wiedergutmachen«. Es ist großartig, alltagstauglich und leicht zu merken.

Du nutzt dazu vier Sätze:

1. Zuerst sagst du den Satz: »Es tut mir leid!« Dadurch erkennst du an, was du getan hast.
2. Dann sagst du: »Bitte verzeih mir!« So bittest du um Verzeihung für deine Fehler.
3. Als Nächstes sagst du: »Ich liebe dich!« Dadurch symbolisierst du die bedingungslose Liebe zu der Person oder Situation, die zu dem Konflikt geführt hat. Wahlweise, wenn du dir selbst verzeihen magst, sagst du: »Ich liebe mich!«
4. Als Letztes sagst du dann: »Danke!« So bedankst du dich dafür, dass du das Problem erkennen und loslassen durftest.

Das Schöne an diesem Ritual ist: Es ist so einfach. Und in der Einfachheit steckt ganz viel Magie!

10.

WIE GEHT'S DENN JETZT EASY?

*W*ie oft lief mein Vormittag wie folgt ab: Erst in Ruhe einen Kaffee trinken oder duschen? Ah nee, die Küche sieht aus wie Sau. Zuerst mal klar Schiff machen. Und ah, die Waschmaschine – schnell anstellen. Okay, JETZT der Kaffee. Mist, die Milch ist alle! Heute muss ich zum Einkaufen. Aber ich wollte doch eigentlich heute mal joggen gehen ... Okay, NACH dem Einkaufen. Wenn ich grad aber in der Stadt bin, könnte ich ja noch flugs zu dm. Gegenüber ist auch H&M, da könnte ich noch schnell ne neue Hose für Joshua kaufen. Wieder daheim angekommen: Wäsche schon fertig – äh ... warum ist die Kaffeemaschine noch an? Mmmh, stimmt. Ich wollte ja eigentlich heute Morgen erst mal einen Kaffee trinken ... Zack, ist der Vormittag rum, und die Zeit wie verflogen. Wieder nicht dazu gekommen, mir Gedanken zu machen, was ich wirklich will ...

Jetzt könnten wir sagen: »Ja, ist halt so. Das ist der gaaaaanz normale Alltag einer Mama!« Klar könnten wir. Und: Wollen wir nicht. Denn wie fühlt sich das denn am Ende der Woche an, wenn jeder Tag ausschließlich so läuft?

Für mich hat sich das nach einer reinen »Funktionier-Maschine« angefühlt. Hamsterrad de luxe. Alles andere als selbstwirksam. Und wieder total im Modus: Opfer der Umstände. »Ist halt so!« Nein, IST NICHT SO.

»IST HALT SO!« IST AUSVERKAUFT!

Es geht jetzt darum zu schauen wir du auch hier wieder die aktive Rolle einnehmen kannst. Denn du kannst ganz klar entscheiden. Und zwar FÜR DICH!

FÜR DICH HEISST ÜBRIGENS NICHT: GEGEN JEMAND ANDEREN. SONDERN ES HEISST: BEWUSST PRIORITÄTEN ZU SETZEN.

Entscheidungen fällen wir ja den lieben langen Tag. Manchmal bewusster, manchmal unbewusster. Manches ist sonnenklar, manches schieben wir auf, manches wollen wir auch einfach nicht entscheiden, manches entscheiden wir unnötigerweise ... Und oft ist es einfach zu viel!

DU kannst Entscheidungen treffen. Du kannst wählen. Du kannst etwas durchziehen, was dir wichtig ist. Das weißt du. Nur – wie sortierst du am besten? Was kann denn tatsächlich weg? Und was willst du wirklich – WIRKLICH?

AUFRÄUMEN BEGINNT ZUERST IM KOPF.

Fangen wir also an.

Die Entscheidungen im Alltag und deine persönliche Struktur helfen dir, wieder viel stärker der aktive Gestalter zu werden. Dazu möchte ich dich einladen, einmal dieses Alltagsrad anzuschauen und deine Lebensbereiche zu überprüfen.

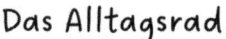

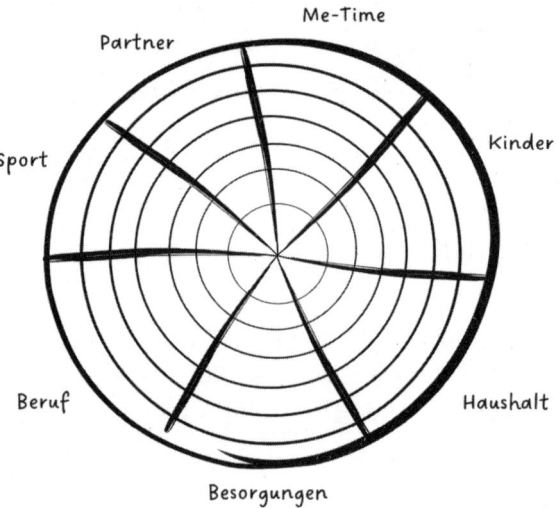

Das Alltagsrad

Dann schau dir deine aktuell typische Woche an. Montag bis Freitag. Und male die jeweiligen Speichen aus, je nachdem wie viel Zeit der Bereich für dich in Anspruch genommen hat. Hast du wenig Fokus auf z.B. Me-Time gegeben, male nur die innere Spitze aus, hast du viel Zeit für Haushalt investiert, male die gesamte Speiche aus. Wie ausgewogen ist dein Rad?

Wo butterst du viel zu viel Zeit rein? Und was ist fast am Verhungern? Wie sind die Bedürfnisse verteilt? Ist es ausgewogen oder kippt das Rad in eine Richtung?

Und dann frage dich: »MUSS das denn alles so sein?« ODER steckt hinter dem »Ich muss das erst machen, dann ...« ein kleiner fieser Perfektionist und kichert sich ins Fäustchen. Ganz ehrlich: Wir kennen ihn wahrscheinlich alle und er ist nicht unser bester Freund. Denn er sorgt dafür, dass wir wie verrückt das Haus putzen, bevor die Schwiegereltern kommen, oder in eine Dekorierorgie verfallen, wenn Weihnachten naht.

Wo genau stressen wir uns – UNNÖTIGERWEISE. Vielleicht wollen wir nicht bewertet werden, haben selber einen enormen Anspruch an uns, wollen ein tolles Bild von uns aufrechterhalten oder kompensieren einfach unseren Selbstwert damit: »Ich hab doch alles im Griff!« Und: »So macht man das als gute Mutter!« Verdammt, da ist er wieder – der Glaubenssatz!

Okay, wir sind uns einig, oder? Dein Kreis ist nicht ganz rund, vermute ich mal. Dann lass uns erst mal sortieren, an welchen Tagen du was ändern könntest:

- Wo könntest du am Montag neu sortieren und mehr Gleichgewicht reinbringen?
- Wo könntest du am Dienstag was weglassen?
- Wo könntest du am Mittwoch den Ablauf ganz drehen?
- Wo könntest du dir am Donnerstag Unterstützung holen, um mehr Luft für anderes zu haben?
- Wo könnest du am Freitag auf etwas verzichten, um dafür mal Spontanität in dein Leben zu lassen?

Und vielleicht schreit es in dir jetzt ganz laut »JA, ABER ... Es muss doch alles gemacht werden!!!« Ich weiß.

Lass mir dir kurz ein paar weitere Fragen stellen:

- Wer sagt, dass etwas sein »muss«?
- Wer sagt, dass »Ordnung das halbe Leben ist«? Hatte der auch Kinder?
- Werden sich die Kinder später bei dir für die Ordnung oder für die gemeinsame Zeit bedanken?

Mach dir bewusst: Das sind alles Glaubenssätze in unseren Köpfen! Dass das alles MUSS. Dass du nicht frei wählen kannst und Opfer der Umstände bist. Wir sind alle nicht mit diesen »Vorgaben« auf die Welt gekommen. Also lass sie uns nun mal hinterfragen.

Vielleicht tastest du dich ein bisschen voran: Welcher Bereich bedarf gerade deines Augenmerks. Und dann nimmst du dir für die erste Woche DAS mal vor. Zum Beispiel könnte es sein, dass du dir gar keine »Me-Time« gönnst. Jetzt meine ich nicht, dass du dich unbedingt jede Woche für einen Spa-Abend verabreden MUSST. Aber du könntest ja damit anfangen, morgens erstmal zehn Minuten Kaffee zu trinken und deine Lieblingsmusik zu hören, BEVOR du aufräumst. Und der Freundinnenabend muss nicht ständig verschoben werden. Dein Mann bekommt das auch hin, die Kids ins Bett zu kriegen. Erlaube dir, dir Zeit für dich zu nehmen!

ODER: Deine Partnerschaft kippt gerade hinten runter. Lass den Wäscheberg heute Abend mal liegen – und ab unter die Dusche mit euch beiden. Ich bin mir sicher, der Wäscheberg wird es dir verzeihen. Und wer weiß, vielleicht löst er sich in den nächsten Tagen sowieso in Luft auf, weil dein Partner DIR eine Freude machen möchte und pfeifend die Waschmaschine befüllt.

Es können Kleinigkeiten sein, die viel verändern. Und es bedarf DEINER Aufmerksamkeit, wo du gerade die Balance wieder herstellen kannst. Dabei kann dir das Alltagsrad helfen. Probiere es mal aus!

11
ÜBERLEBENSMODUS VERSUS SCHÖPFERMODUS

*D*ie besinnliche Weihnachtszeit – für viele der Horror in Tüten. Wer kennt es nicht, was für ein fast schon gesellschaftlicher Stress da ausbricht:

- Weihnachtsgeschenkeschlacht: und bitte jede Person exakt gleich viele Geschenke.
- Adventskalender: mit diversen Heulkrämpfen der Kinder, weil Badezusatz im Kalender nun wirklich nur noch »für Babys« ist
- Christbaumschmuck: »Bitte jedes Jahr NEU!« sagt die Schwiegermutter
- Essensplanung: inklusive Rücksicht nehmen auf Veganer, Vegetarier und Histaminintoleranz – wie macht man das mit einer Weihnachtsgans?
- Garderobe von allen checken und am Ende DOCH neu kaufen
- Plätzchen backen: Wann genau soll das noch mal passieren?
- Friseurtermin: Zu spät, alles ausgebucht!
- und ganz nebenbei hier noch eine Weihnachtsfeier: Schule und Kita am gleichen Tag – how should THAT work?

- Und dort ein Wichteln: Bitte nicht mehr als 2,50 Euro ausgeben!
- und zu guter Letzt noch das jährliche Krippenspiel: mit Nervenzusammenbrüchen des Sohnes, weil das Schaf war er letztes Jahr und Maria spielen ist nun wirklich peinlich als Junge

Aaaaaah!!!!

Der Puls ist im Dezember am Anschlag und die inneren To-do-Listen sind unendlich. Dazu die Erwartungshaltungen von Familienmitgliedern oder auch der eigene Perfektionismus, der in einem Affenzahn das Haus putzt, als käme der Heiland persönlich vorbei.

Stell dich mal am 23. Dezember am Nachmittag in den Supermarkt und schau in die Gesichter der Menschen: Hetze, Stress, Verbissenheit. Vollkommen im Überlebensmodus. Besinnliche Weihnachtszeit? Alles klar!

Zugegebenermaßen sind wir nicht nur an Weihnachten, sondern auch im Alltag häufig im Überlebensmodus. Doch oft merken wir es gar nicht, weil wir es schon so gewohnt sind. Wir funktionieren. Wir haben uns im Griff. Wir geben ganz viel. Merken tun wir es meist erst später, wenn wir vollkommen ausgelaugt sind. So energielos. Der Grund dafür ist, dass wir in vielen Situationen nicht »gut für uns« entschieden haben. Wir waren in der Situation vielleicht nicht ganz bei uns und handelten – bewusst oder unbewusst – anders, als wir es eigentlich wollten.

WIR LASSEN ZU, DASS UNSERE ENERGIE DURCH ÄUSSERE EINFLÜSSE VERÄNDERT WIRD.

Warum es Überlebensmodus heißt, wird klar, wenn wir unser Verhalten dabei anschauen. Denn dann greifen die Urinstinkte:

- Flucht – Beispiel: von Termin zu Termin hetzen.
- Kampf – Beispiel:»Mein Perfektionist in mir wird es euch schon zeigen, was für eine gute Hausfrau ich bin!«
- Erstarren – Beispiel: Ein gemeiner Glaubenssatz kommt vorbei, ich lasse mir nichts anmerken, lächle nett, schlucke es runter und lasse es in mir brodeln.

Typisch auch: Vergleiche mit anderen, Zweifel, Sorgen und Ängste, Unsicherheit, Neid und vieles mehr ...

HÄUFIG SIND WIR TATSÄCHLICH OPFER DER UMSTÄNDE UND LASSEN UNS DURCHS LEBEN SCHUBSEN.

Je mehr wir das als unser NORMAL deklarieren, desto gefährlicher ist es, dass wir immer weniger wissen, was wir in den einzelnen Situationen tatsächlich wollen. Am Ende des Tages arbeiten wir gegen uns – und rauben uns somit selbst die Energie.

Viele der vorigen Kapitel sind Bausteine, um dich wieder mehr in Verbindung mit dir zu bringen. Um wieder mehr Entspannung in deinen Alltag zu bekommen und dich in einen Zustand zu versetzen, in dem du aus dir heraus Ideen schöpfen kannst. Erinnere dich an das Bild vom Nährboden, in dem die kleine Pflanze der Inspiration nur wachsen kann, wenn die Erde alle Nährstoffe bereithält. Dann erst ist alles bereit für etwas wirklich Neues und du hast Kapazitäten, um aus einer guten Energie (dem Schöpfermodus) eine Idee für deine berufliche Erfüllung zu finden.

Den Schöpfermodus nennen wir auch gerne FLOW-Zustand:[16] Hier sind wir ganz bei uns. Unser Herz ist in einer guten Emotion (zum Beispiel durch das Gefühl von Dankbarkeit) und unser Gehirn ist positiv eingestellt (zum Beispiel durch Gedankenmanagement).

WIR HABEN REICHLICH ENERGIE, DIE DURCH UNSERE INNERE HALTUNG GESTÄRKT WIRD, UND SO KANN UNS IM AUSSEN NICHTS ETWAS ANHABEN.

Sind wir so mit uns verbunden, haben wir einen viel stärkeren Zugang zu unserer Intuition und glauben wieder umso mehr an uns und unsere Möglichkeiten.

 Beispiel: Sport – Pflicht oder Freude?
Was für die eine Person eine absolute Qual ist, kann für eine andere die größte Erfüllung sein. Schöpfer- oder Überlebensmodus? Das ist völlig individuell.

Ich persönlich liebe es joggen zu gehen. Das ist für mich die pure Freiheit. Ich genieße das Laufen, die Luft, den Rhythmus, die Bewegung und die Natur. Wenn es ums Laufen geht, bin ich sofort dabei. Es macht mir Freude und es tut mir gut. 2011 und 2012 bin ich mehrere Halbmarathons gelaufen. Ich bekomme jetzt schon wieder strahlende Augen, wenn ich daran denke, wie ich damals durch Berlin und Potsdam gerannt bin. Um mich herum lauter andere begeistere Läufer, das Publikum, die Stimmung, der Weg und der Ansporn, in meiner gewünschten Zeit ins Ziel zu laufen. Es war gigantisch! Und das Gefühl danach: zu fühlen, wie der Körper präsent war. Ich schwebte noch tagelang danach in diesem Sog der Freiheit. Großartig. Ich hätte jeden Baum ausgerissen, der mir im Weg stand. Hatte Ideen bis zum Umfallen und strotze vor Energie.

Vielleicht kennst du nun aber jemanden, der dir beim Wort
»joggen« schon den Vogel zeigt. Was für eine langweilige, mo-
notone Qual. Schwitzen, Anstrengung, Muskelkater. Alles – nur
DAS nicht. Allein durch die Pampa rennen? Persönlicher Endgegner. Nur unter Zwang!

Du weißt vielleicht, worauf ich nun hinauswill:

DEINE BEGEISTERUNG FÜR ETWAS IST EINE WUNDERVOLLE WÜNSCHELRUTE FÜR DEINEN FLOW.

Geh ihr nach – dann gibt's mehr davon! Stellen wir uns also wieder zwei wichtige Fragen:

GIBT MIR ETWAS ENERGIE ODER RAUBT MIR ETWAS ENERGIE? DIENT MIR DAS ODER KANN DAS WEG?

Nun nimm dir noch mal das Alltagsrad zu Herzen. Überprüfe für dich, wie viele Energieräuber und wie viele Energiege-
ber es in deinen Bereichen gibt. Wo fällt es dir leichter, in den
Flow zu kommen und wo ist es anstrengender? Was könntest
du bei dem anstrengenden Bereich verändern, damit er mehr
Flow-Anteile bekommt? Was braucht es an innerem Umden-
ken, um aus einem Überlebensbereich einen Schöpferbereich
zu machen?

Wie schaffst du es, durch eine andere Haltung das Rad deutlich runder werden zu lassen?

Beispielsweise könntest du die Hausarbeit, die eigentlich ein
Energieräuber für dich ist, mit richtig laut dröhnender Lieblingsmusik rocken.

Oder du könntest bei Besorgungen den Kaffee to go von deinem Lieblingscafé schlürfen.

UND ACHTUNG – keine Sorge: Schön wär's, wenn wir gar nicht mehr im Überlebensmodus wären. Aber: Wir können alle nicht zaubern. Du und ich – wir sind ganz normale Menschen. Wir rutschen alle ständig immer wieder in den Überlebensmodus. Der große Unterschied ist nun: DU MERKST ES! Du hast ein Bewusstsein dafür erlangt und kannst in der Situation neu entscheiden: Möchte ich das nun oder nicht? Was könnte ich stattdessen tun? Wie kann ich jetzt für mich sorgen? Es ist deine Verantwortung und deine Macht!

Leichter gesagt als getan? I know. Daher gibt's gleich wieder Hilfestellung: Wie kannst du leichter aussteigen, wenn der Überlebensmodus mal wieder das Steuer übernimmt?

1. NICHT darüber ärgern und keine Bewertung vornehmen. Es ist, wie es ist. Und es wird JETZT, was du draus machst. Im Sinne von: »Huppala, da ist er ja wieder. Na so was ...«

2. Was kann ich genau JETZT tun, um meine innere Energie zu verändern und wieder handlungsfähiger zu werden?

Dafür gibt es zahlreiche Möglichkeiten.

Ich gebe dir hier gerne mal eine Auswahl von einfachen und alltagstauglichen Tools an die Hand und ich bin sicher, dir fallen selbst noch einige Möglichkeiten ein, wie du deine persönliche Liste erweitern kannst.

Mood-Changer Nr. 1: Gute Musik

Welcher Song zaubert dir ein Lächeln auf die Lippen, lässt deine Hüften mitwippen und dich mitsingen? Dann an damit – volle Lautstärke und gerne mittanzen und mitsingen!

Mood-Changer Nr. 2: Raumwechsel

Du entscheidest dich durch einen Raumwechsel dafür, deine negative Energie abzulegen. Du gehst durch die Haustür raus, bleibst 90 Sekunden draußen, schüttelst die alte Energie ab, denkst bewusst an etwas Schönes, entscheidest dich, aktiv zu lächeln, und gehst wieder durch die Haustür rein – in neuer Energie!

Mood-Changer Nr. 3: Aus dem Zug aussteigen

Du kennst den »Wutzug« sicher von deinen Kindern – eine Emotion, die wie ein Zug unstoppable an Fahrt aufnimmt. Und als Erwachsener siehst du den »Wutzug« bei dir selbst oft schon kommen. Nur geht es dir da manchmal genau wie den Kindern: Die Wut überrollt dich. Du *kannst* gar nicht anders. Du musst einfach aufspringen. Das ist ein Trugschluss: Du kannst anders! Probiere es einfach aus: Nimm bewusst das Bild des Zugs und entscheide dich JETZT, auszusteigen. Und das sagst du dir auch: »Ich steige JETZT aus!« Und dann machst du einen Schritt (tatsächlich!) nach vorn. Funktioniert es nicht sofort, dann versuch es gleich noch mal: »Ich steige JETZT aus!« – und wieder den Schritt machen. Das machst du so lange, bis der Zug ohne dich weiterfährt und du wieder bei dir angekommen bist. Jetzt feiere dich dafür: »Großartig, ich hab's geschafft!« Nächstes Mal wird es dann vermutlich noch schneller klappen!

Mood-Changer Nr. 4: Bewusste Achtsamkeit

Egal, was gerade da ist und von dir Energie abzieht, du kannst dich in fast jeder Alltagssituation mit einer aktiven bewussten Achtsamkeit wieder ins JETZT holen und dich mit dir verbinden. Versuch mal ganz bewusst, in dem Moment deine 100-prozentige Aufmerksamkeit darauf zu geben, was du gerade tust. Mit all deinen Sinnen. Bleib zum Beispiel beim Abwasch mal für zwei Minuten voll und ganz mit deiner gesamten Wahrnehmung bei dem Wasser, das über deine Hände läuft. Wie fühlt sich das an? Wie angenehm ist das gerade? Die Temperatur? Das Spülmittel an den Händen? Der Geruch? Wie nimmst du deine Hände wahr, wenn sie sich im Wasser berühren? All das bringt dich wieder zu dir zurück, setzt das Gedankenkarussell auf Resett und lässt dich danach wieder neu entscheiden.

UND JETZT FEIRE ICH DICH ERST MAL!

Denn du hast schon Riesenschritte FÜR dich gemacht! Du hast so viel Bewusstsein erlangt und kannst dadurch deinen Alltag schon mal neugestalten.

Jetzt geh dein Tempo und freue dich darüber, wie du von Woche zu Woche immer ein bis drei Prozent besser sortieren kannst! Denn das reicht. Nur nicht den nächsten Druck aufbauen und den Perfektionisten rausholen.

1 bis 3 Prozent Verbesserung pro Woche – so bringst du deinen Alltag in einem halben Jahr schon um 50 Prozent mehr in den Flow!

Hammer, oder?!? Erlaub dir, JETZT schon wahrzunehmen, dass das kommt! Und schenk dir dazu das schönste Lächeln, das du gerade parat hast. Und wenn du magst – noch eine Kugel Eis!

SURFST DU WIEDER MEHR IM ALLTAG,
ANSTATT DICH VON IHM UNTER
WASSER DRÜCKEN ZU LASSEN, HAST
DU WIEDER KAPAZITÄTEN ZU SCHAUEN,
WIE DU DEIN DING FINDEN KANNST.

Denn das gibt es! Garantiert!

TEIL III
WIE DU DEIN DING FINDEST ...

1

KNOTEN IN DEN KOPF DENKEN ODER WIE GEHT'S LEICHTER?

*B*ei meiner Suche nach einem familienkompatiblen Beruf war mir sonnenklar, dass ich AUSSCHLIESSLICH in der Kreativbranche glücklich werde. Auch wenn ich das Wort »kreativ« nicht mochte. Ich hab ein Diplom als Designerin, genug Beweise, dass ich künstlerisch begabt bin und schließlich auch einen Lebenslauf, der eine gestalterische Laufbahn hergab. Es sollte ja natürlich Sinn machen, was ich dann tue – so mein Kopf zu mir. Auf das Bisherige aufbauen oder zumindest irgendein Schwesternberuf.

Ich dachte und dachte und dachte und recherchierte und verfasste Bewerbungen, verwarf, recherchierte weiter und bekam immer mehr Knoten in meinen Kopf. Ich fühlte mich bei jeder neuen Idee wie ein Koffer auf dem Gepäckband, der beim Rausfahren denkt: »Mega, jetzt geht's raus in den Flieger und woanders hin!« Doch zehn Sekunden später ist er wieder in der Gepäckhalle und dreht einsam seine Runden.

Es war zum Mäuse melken. Ich kam und kam nicht auf DIE wirklich zündende Idee, die Familie und Erfüllung vereint!

Bis ich erkannte, dass ich mir gerade selbst die Karotte vor der Nase so weit weghielt, dass es unmöglich schien, sie zu erreichen.

»Die Definition von Wahnsinn ist, immer wieder das Gleiche zu tun und andere Ergebnisse zu erwarten.«

UNBEKANNT, WIRD FÄLSCHLICHERWEISE OFT ALBERT EINSTEIN ZUGESCHRIEBEN[17]

All das, was ich in den letzten Kapiteln beschrieben habe, hat mich aufwachen lassen. Hat mich anhalten lassen in den Stromschnellen des Alltags – und ich fing tatsächlich an, NEU zu sortieren.

Ich habe das Bewusstsein darüber erlangt, was es bedeutet, die Verantwortung und damit jegliche Gestaltungsmöglichkeit in meinem Leben innezuhaben. Und ich habe durch Umdenkprozesse direkt andere Ergebnisse im Alltag erhalten.

Genau das ebnet den Weg, um herauszufinden, was genau dann eben DEIN Ding ist. Du bekommst eine Ahnung davon, einen leichten Geruch in deiner Nase von dem Buffet, was da nun auf dich wartet!

Wie kommen nun ganz konkrete Inspirationen auf dich zu? Wie schaffst du es, DIE zündende Idee zu haben? Dazu möchte ich dir den ultimativen Ratschlag geben:

HÖR AUF DARÜBER NACHZUDENKEN!

Wie oft grübeln wir uns einen Knoten in den Kopf. Eine Entscheidung soll her. Wir schreiben PRO-und-CONTRA-Listen und gehen hundert Varianten im Kopf durch, finden aber dennoch keine zufriedenstellende Klarheit. Soll ich nun DAS oder DAS machen? Wie gut wäre es, einfach zu wissen, was richtig wäre. Dann fühlt sich erst DIE Idee großartig an und dann werfen wir einen Tag später wieder alles über den Haufen. Zu viele Gegenargumente. Dann kommt ein Impuls von außen und du denkst und denkst und denkst und dann fühlt es sich immer schwerer und schwerer an. Es gibt so viel dabei zu beachten, zu bedenken und zu überlegen.

Warum fühlt es sich manchmal so schwer an, Entscheidungen zu treffen oder auf eine wirklich zündende Idee zu kommen? Es gibt eine einfache Antwort: Du fragst den Falschen! Dein Verstand ist nicht der beste Ansprechpartner für Entscheidungen oder Ideen. Manchmal kann er großartig unterstützen und wir können ihn tatsächlich hervorragend für so unfassbar viel gebrauchen. Um allerdings eine klare Sicherheit in Entscheidungsprozessen zu erlangen, bist du bei deinem Verstand an der falschen Adresse. Dafür tragen wir so viel mehr Möglichkeiten in uns und dürfen diese auch nutzen – vorausgesetzt, wir kennen sie und geben ihnen mehr Raum.

Der Verstand ist im Zuge unserer Entwicklung zum erwachsenen Menschen die am meisten kultivierte innere Instanz. Unsere leistungsorientierte Gesellschaft bringt uns schnell bei, clever mitzudenken, um möglichst überall mitzukommen und reinzupassen. Und das ist großartig! Absolut. Ich liebe die Fähigkeiten und den Lernwillen des Verstandes!

Aber es gibt eben noch mehr als den Verstand in uns.

FÜR »RICHTIGE« ENTSCHEIDUNGEN FRAGEN WIR BESSER JEMAND ANDEREN: UNSERE INTUITION.

Als ich mit Joshua – meinem zweiten Sohn – schwanger war, gab es eine für mich sehr prägnante Situation, in der meine Intuition komplett das Ruder übernommen hat. Es war der Tag der Geburt, was ich in dieser Situation noch nicht wusste (ich war schon elf Tage über Termin). Ich hatte am Mittag das Gefühl, nicht mehr aus dem Haus zu wollen, um Samuel von der Kita abzuholen.

Das machte vom Kopf her überhaupt keinen Sinn. Die Kita war gerade mal 200 Meter Fußweg entfernt. Diese Entfernung war für eine Hochschwangere nicht das geringste Problem. Dennoch rief ich Tim bei der Arbeit an und fragte ihn, ob er Samuel abholen könnte. »Geht's los?«, fragte Tim aufgeregt am anderen Ende des Hörers. »Ähhhh – nein. Ich will nur nicht. Ist so ein Gefühl.« Mein Verstand hielt mich für ein Weichei. Warum, wenn hier noch nix den Anschein macht, das IRGENDETWAS losgeht, will ich nicht 200 Meter zur Kita laufen? Tim übernahm und machte sich einen schönen Nachmittag mit Samuel – in der Nähe der Wohnung. Sicherlich mit ein paar Fragezeichen im Kopf. Am Abend entschieden wir dann, weil komisch genug war ich ja wohl drauf, dass Samuel diese Nacht bei seiner Oma übernachtet – für den Fall der Fälle. Allerdings gab es nach wie vor keinerlei Anzeichen für den Geburtsbeginn. Freitagabend einmal quer durch Berlin, das bedeutet aber auch, etwa 1,5 Stunden von daheim weg und nicht mal eben kurz wieder da, falls es DOCH losgeht. Das wiederum juckte mich nicht die Bohne. Die beiden machten sich auf den Weg – und ich war entspannt und sicher, dass da NIX LOSGEHT. Die nächsten Fragezeichen bei Tim im Kopf: »Erst lässt sie mich mittags die Arbeit abbrechen und das Kind abholen und nun ist es anscheinend gaaaaar kein Problem, durch die Weltgeschichte zu gondeln.« Ich sah die Gedanken förmlich in seinem Hirn: »Na gut. Schwangere eben. Muss MANN nicht verstehen!« Abends um 23 Uhr gingen dann tatsächlich die Wehen los – und ein paar Stunden später war Joshua auf der Welt.

Was hat mich hier so sicher geführt? Genau wissend, was ich nun brauche – mal das eine und mal das andere. Richtig, meine Intuition!

Und alle, die schon mal schwanger waren, wissen oder ahnen zumindest, dass in der Schwangerschaft und vor allem kurz vor der Geburt die Intuition sehr deutlich und laut sein kann. Diverse seltsame – vom Verstand unerklärliche – Dinge denken, tun oder sagen wir da. Das ist großartig. Und wir dürfen uns daran erinnern, wie recht unsere Intuition doch hat und wie wertvoll diese Klarheit sein kann.

Vielleicht erinnerst du dich an Situationen in deinem Leben, in denen du auf deine Intuition gehört hast und dein Verstand rebelliert hat. Und: Wer hatte am Ende recht?

Warum hören wir also nicht öfter auf die Intuition? Oder besser gesagt: Warum ist unser Zugang zur Intuition häufig nicht so gut abrufbar, wo sie uns doch so viel Klarheit und Sicherheit geben könnte?

Einfach gesagt liegt es vor allem daran, dass wir unserer Intuition zu wenig Aufmerksamkeit gegeben haben. Dass unser Verstand zu wahren Meisterschaften fähig ist, liegt vor allem daran, dass er viel mehr kultiviert wurde. Dass er trainiert wurde und sich dadurch viel stärker entwickelt hat. Hinterfragen und abwägen sind grenzgeniale Fähigkeiten, die uns hin und wieder allerdings im Weg stehen. Um bei Entscheidungen wirklich Sicherheit zu erlangen und auf neue Ideen und Inspirationen zu kommen, sollten wir noch einer weiteren Instanz in uns gehörige Aufmerksamkeit schenken.

DIE INTUITION IST UNSER MÄCHTIGSTES WERKZEUG, WENN ES UM ENTSCHEIDUNGEN GEHT. SIE IST KLAR, PRÄZISE UND RICHTIG.

Allerdings kann sie den Weg zu dieser Entscheidung nicht erklären. Das ist der Punkt, wo sie vom Verstand angreifbar ist. Sie spuckt wie ein Computer das Ergebnis aus, kann aber den »Rechenweg« dahin nicht erläutern. Sie argumentiert nicht – sie IST einfach.

Wenn wir nun eine stark kultivierte Instanz (Verstand) auf eine weniger kultivierte Instanz (Intuition) loslassen – was passiert dann? Richtig. Der Stärkere gewinnt. ODER ein großer Haufen Unsicherheit liegt vor dir. You've got it.

Lass uns also, um auf großartige Ideen zu kommen und die richtigen Entscheidungen (für dich) zu treffen, JETZT starten, deine Intuition zu stärken! Los geht's!

Der erste Schritt ist schon gemacht:

DU HAST NUN DAS BEWUSSTSEIN DAFÜR, DASS DEINE INTUITION NICHT NUR NE COOLE SOCKE IST, SONDERN AUCH SEHR WEISE.

Was ich dir jetzt an die Hand geben möchte, ist die Fähigkeit, deine Intuition zu stärken, ihr mehr Aufmerksamkeit zu geben. Kurz: Den Zugang zu deiner Intuition wieder mehr zu öffnen.

 ÜBUNG: INTUITION STÄRKEN

1. Erste Impulse wahrnehmen. Beobachte, wie du bei Entscheidungen reagierst. Was ist dein erster Impuls, bevor du anfängst, ihn zu »zerdenken«. Wo zieht es dich hin – egal, wie »verrückt« das auch klingen mag? Teste mal bei kleinen Dingen, wie es sich anfühlt, wenn du sofort deinem ALLER-, ALLER-, ALLERersten Impuls folgst. Fühlt es sich weit oder fühlt es sich eng an?

2. Fang an, deinem ersten Impuls Vertrauen zu schenken. Setze ihn um. Was spricht dich zum Beispiel als Erstes auf der Speisekarte an? Ganz spontan ... DAS nimmst du

nun. Du weißt so oft die Antwort intuitiv, ohne lange darüber nachdenken zu müssen. Grundsätzlich ist die Intuition unangekündigt da. Sie braucht nicht lange, um sich zu entwickeln oder zu entstehen. Alles, was länger braucht, hat nichts mit der Intuition zu tun. Lade bewusst bei jeder noch so kleinen Entscheidung deine Intuition mit großem Vertrauen ein. Lasse dich hier leiten. Was sich im Kleinen entwickelt, wird dir dann im Großen später Sicherheit geben.

3. Bewusste Achtsamkeit und Meditation fördert die stärkere Wahrnehmung deiner Intuition. Stell dir dreimal am Tag den Wecker und halte ein bis zwei Minuten inne. Drück kurz auf Pause im Alltag, so gut es gerade möglich ist. Schließe die Augen, konzentriere dich auf deinen Atem. Fühle, rieche, spüre, was gerade da ist. Oder nutze gerne eine meiner Meditationen aus dem Mitgliederbereich in www.kidsundkroetenbuch.de.

Gib dir Zeit. Deine Intuition ist da und wird geweckt. Es ist ein Erinnern und ein Stück für Stück Größerwerden. Allerdings nicht per Knopfdruck. Umso entspannter du dabei bist, desto mehr hat deine Intuition Raum, um sich zu zeigen.

Glaub mir – es lohnt sich, hier ganz besondere Aufmerksamkeit hineinzugeben. Mit dem Zugang zur Intuition und deinem Bewusstsein, diese Instanz nun auch zu nutzen, stehen dir ganz neue Möglichkeiten offen.

DU HAST IN DEINER EIGENEN TIEFE EINE WEISHEIT, DIE DICH IN DEINEM SINNE DURCHS LEBEN FÜHREN MÖCHTE. DEIN FAHRPLAN – DEIN INNERES NAVI.

Ist deine Intuition wieder präsenter in deinem Leben, wirst du merken, dass du insgesamt eine stärkere Wahrnehmung entwickelst, was klare Impulse angeht. Du bekommst immer mehr Sicherheit und Klarheit bei Entscheidungen.

Grandios! Jetzt bleib wachsam. Ideen und Inspirationen kommen zu dir zu den verrücktesten Zeitpunkten. Wenn du einschläfst, unter der Dusche oder auf dem Klo. Erzwinge nichts, erdenke nichts, erwarte nichts. Und dann kommt es umso klarer zu dir: der berühmte Geistesblitz, die zündende Idee. In der Regel in einem Moment der größten Entspannung und völlig überraschend.

Freu dich drauf!

 Mein Tipp: Natürlich gibt es noch so viel mehr Möglichkeiten, die Intuition zu stärken. Vieles bedarf allerdings eines Dialogpartners oder Coaches und lässt sich nicht so einfach in ein Buch packen. Such dir, wenn du hier länger hängst, unbedingt Unterstützung von außen!

Mir wurde immer mehr klar, wo meine Intuition mich schon längst hinzog, und es einfach nur nicht in »mein Schema« passte, ich tausend Ausreden fand, weil es irgendeinem Prinzip von mir widersprach und ich mir erzählte, dass ich das nicht kann, nicht der Typ dafür bin, blablabla. Mir fiel es plötzlich wie Schuppen von den Augen, dass diese Frau, der ich in Social Media folgte, weil ich ihre Entwicklung so faszinierend fand, diese Frau, über die ich mit Persönlichkeitsentwicklung erst in Berührung gekommen bin – dass diese Frau einen Weg geht, der vielleicht ja auch MEINER sein könnte. Meine Güte, war da in meinem Kopf ein Synapsenfasching sondergleichen. Mein Kopf drehte schlichtweg durch, weil es tausend Gegenargumente gab. Und ich spürte dennoch in mir so eindeutig diese warme Klarheit meiner Intuition, die grinsend wusste: »YES Baby, DAS ist deine Lösung!«

Und das Beste daran war: Ich hörte jetzt auf meine Intuition! EGAL, was mein Kopf mir erzählte.

2.

GIBT ES SO WAS WIE EINE BESTIMMUNG?

*B*evor wir uns damit beschäftigen, wie du deine Ideen umsetzt, möchte ich noch mal auf ein konkretes Thema eingehen, das mir in dem Zusammenhang mit »dein DING finden« wichtig ist. Es gibt ja dieses große Wort BESTIMMUNG. Wir können statt »dein DING finden« auch Bestimmung oder Berufung sagen und ich habe die Formulierungen bewusst nicht gewählt, weil in deinem Kopf vermutlich konkrete Bilder dazu entstehen. Dazu möchte ich kurz einige Irrtümer aus dem Weg räumen.

Unser Leben ist immer in Bewegung. Wir verändern uns, wachsen, lernen und entwickeln uns. Uns begegnen Menschen und uns widerfahren Situationen und Erlebnisse, die uns prägen und neu formen.

WIR SIND IM FLUSS UND NIEMALS STATISCH. STETIGE VERÄNDERUNG GEHÖRT ZUM LEBEN DAZU.

Daher widerspricht es allen natürlichen Prozessen, diese EINE Überschrift über dein berufliches Leben zu setzen. So sehr du in jungen Jahren diesen Blick hattest (eventuell auch durch

Glaubenssätze geprägt), so wichtig ist es jetzt, zu erkennen, dass Veränderung auch Teil des beruflichen Prozesses sein darf.

DEINE BESTIMMUNG ODER BERUFUNG STEHT IMMER IN EINEM DYNAMISCHEN VERHÄLTNIS ZU DEINER AKTUELLEN LEBENSSITUATION UND DEINER PERSÖNLICHEN EINSTELLUNG UND ENTWICKLUNG.

Ich bin im Übrigen sehr froh, dass ich diese Erkenntnis hatte. Denn es hat mich unfassbar viel Kraft gekostet, auf Biegen und Brechen an meinem ersten Beruf als Bühnen- und Kostümbildnerin festzuhalten. Der Beruf, der sich vollständig wie meine Bestimmung angefühlt hat. Für den ich so viel Zeit in Ausbildung und Studium investiert hatte, so viele private Opfer brachte, weil der Job einen gewissen Lebensstil erforderte. So viel Enthusiasmus und Überzeugung, sehr viel Dranbleiben und Durchbeißen.

Dieses Festhalten am »Alten«, obwohl es nicht mehr zu meinem Leben gepasst hat, hat mir in den ersten vier Lebensjahren meines ältesten Sohnes enorm viel Kraft geraubt. Zudem hat es auch eine Illusion platzen lassen. Die Illusion, dass ich dafür angetreten bin. Dass das die EINE Überschrift über mein Leben ist. Dass ich mich selbst verrate, wenn ich das nun nicht weiter »hinkriege«.

Wie befreiend der Moment war, als ich anerkennen konnte, dass ich neugestalten kann und ich mit dem Leben mitschwimmen darf. Ich kein Versager bin und ich mich damals nicht falsch (und nicht weitsichtig genug) entschieden habe. Dass die Zeit als Bühnen- und Kostümbildnerin GENAU RICHTIG und meine Wahl so gut war. Dass es sich dann aber auch wieder verändern kann. Und ich loslassen und neu wählen darf. Auf Lebenssituation reagieren und alles neu sortieren kann.

Was ich dir damit sagen möchte: Gib den Worten Berufung oder Bestimmung in deinem Kopf eine neue Definition. Hol sie aus den in Stein gemeißelten Begrifflichkeiten raus und gib ihnen einen neuen Vibe.

NICHTS IST FALSCH, NUR WEIL ES HEUTE NICHT MEHR ZU DEINER AKTUELLEN SITUATION PASST. NUR DURCH LOSLASSEN KANN NEUES ENTSTEHEN.

3.

WIE DU NIE WIEDER »ARBEITEN« MUSST

Jetzt hast du vielleicht eine Idee, was DEIN DING ist, bekommen oder trägst schon seit einigen Seiten dieses Buches einen kleinen Keim in dir, der sich immer mehr zu einem Pflänzlein entwickelt hat.

Bevor wir im nächsten Kapitel auf die Umsetzung eingehen und ich dir all mein Wissen zu meiner Erfolgsformel weitergeben werde, möchte ich auf einen wesentlichen Grundpfeiler eingehen, den es braucht, damit du WIRKLICH erfolgreich wirst.

Du hast schon in den Kapiteln vorher mitbekommen, dass es eine sehr wichtige Komponente in deiner Arbeit gibt. Ganz egal, ob du angestellt bist oder selbstständig. Ganz gleich, welcher Job es genau ist.

DIE EINZIGE KONSTANTE, DIE ES IN DEINER ARBEIT GIBT, BIST DU.

Du bist der Dreh- und Angelpunkt, deine Gedanken, deine Haltung, dein Mut, dein Wissen, deine Erfahrungen, deine Empathie, dein Glaube an etwas, dein Wille, deine Sicht auf dich.

Worauf ich hinauswill? Wenn du mit etwas erfolgreich sein möchtest, kommst du nicht daran vorbei, deine Persönlichkeit zu entwickeln. In den ersten Kapiteln dieses Buches hast du schon enorm viele Denkanstöße von mir bekommen, um deine Perspektive zu verändern oder an konkreten Themen zu arbeiten.

Zum Erfolg gehören noch weitere Faktoren. Ein sehr wichtiger ist FOKUS. Fokus bedeutet, sich zu entscheiden. Entscheiden bedeutet neben dem FÜR was ich mich entscheide, dass ich mich auch GEGEN etwas entscheide. Und Fokus und Durchhaltevermögen sorgen dann wieder dafür, dass ich bei dem bleibe, wofür ich mich entschieden habe. Fokus sorgt ebenfalls dafür, dass ich sehr bewusst meine Zeit einteile. Dass ich in dem Moment, in dem ich etwas tue, meine volle Aufmerksamkeit und Konzentration einbringe.

DA DU ALS MUTTER WEISST, WIE WERTVOLL UND UNWIEDERBRINGLICH ZEIT IST, WIRD DIR SICHER AUCH KLAR, WIE WICHTIG FOKUS IST.

Und vielleicht denkst du jetzt: »Alter Falter, das ist mir zu anstrengend. Erfolg bedeutet dann anscheinend eben DOCH, dass ich mich zu ganz vielem zwingen muss!«

Ertappt? Dann pass auf: Lass mich dir helfen, einen Perspektivwechsel dazu zu erlangen. Es gibt einen Schlüssel, wie du genau diesen Fokus halten kannst, diese Entscheidungsbereitschaft bekommst und das mit dem Durchhaltevermögen dir easy-peasy von der Hand geht:

BEGEISTERUNG IST DER SCHLÜSSEL ZU MEHR LEICHTIGKEIT!

Wenn du Freude an etwas hast, dann braucht dich niemand (auch du selbst nicht) dazu zu zwingen. Denn du tust nichts lieber, als das umzusetzen. Du hast nicht nur deinen klaren Willen, sondern auch noch deine volle Energie auf deiner Seite. Du bist mit Leichtigkeit im Schöpfermodus. Gleichzeitig sind dein Fokus, deine Konzentration und deine Entscheidungsbereitschaft enorm hoch. Was uns zu folgenden Fragen bringt:

- Wie sehr brennst du für deine Idee?
- Wie sehr hast du Freude an dem, was du tust?
- Wie sehr geht dir dein Herz auf, wenn du an die Stunden denkst, die du damit verbringst?

Es gibt den Glaubenssatz »Geld folgt der Freude!«. Ich möchte ihn – zumindest für alle Selbstständigen (und auch sehr viele Angestellte) – unterschreiben.

Erfolg ist keine Glücksache. Erfolg ist etwas, das jedem möglich ist. Erfolg ist erlernbar und bedarf eines klugen Vorgehens. Erfolg bedarf richtiger Entscheidungen. Erfolg bedarf Fokus. Erfolg bedarf Lernbereitschaft. Erfolg bedarf Umdenkprozesse.

UND VOR ALL DEM STEHT: ERFOLG BEDARF FREUDE! UND WENN DU FREUDE HAST AN DEM, WAS DU TUST, MUSST DU NIE WIEDER »ARBEITEN«!

4.

NIE WIEDER ZEIT GEGEN GELD TAUSCHEN

Vielleicht bist du jetzt an dem Punkt und sagst: »Okidoki. Sind wir mal ehrlich: So richtig ist das alles doch nur mit irgendeiner Form der Selbstständigkeit möglich.« Und ich müsste lügen, wenn ich jetzt nicht sage, dass ich diesen Glaubenssatz auch lange hatte. Doch es gibt inzwischen auch Anstellungs-Berufe, da ist das möglich. Zum Glück!!

Denn warum verbinden wir gewisse Freiheiten rein mit Selbstständigkeit? Weil Selbstständige die Rahmenbedingungen für ihre Arbeit selbst wählen können. Arbeiten von überall. Arbeiten von zuhause. Arbeiten mit flexiblen Zeiten. Also – warum nicht für diese Selbstständigen arbeiten? Es gibt mittlerweile so viele Firmen, die genau das leben. Und die dich als Angestellte brauchen und suchen. Heute bietet auch unser Unternehmen selbst vielen Frauen den schönsten und familienkompatibelsten Angestelltenjob. Ich weiß daher, dass einfach ALLES für ALLE möglich ist. Geh gerne auf www.kidsundkroetenbuch.de und lass dich zu solchen Berufsmöglichkeiten inspirieren.

Und dennoch möchte ich mich an dieser Stelle auf den Weg der Selbstständigen im Online-Business fokussieren. Damit bin ich gestartet. Das ist mein Weg von Anfang an. Hier habe ich viele Umwege erlebt und Abkürzungen kennengelernt. Das ist der Weg, der mir die Familienkompatibilität und – aufgrund der Skalierbarkeit – die Möglichkeit gegeben hat, nicht länger Zeit gegen Geld zu tauschen.

Das heißt: Wenn du jetzt im Laufe dieses Buches eine Inspiration zu einer Online-Selbstständigkeit bekommen hast ODER vielleicht schon länger eine Idee mit dir trägst, die sich beim Lesen gefestigt hat, dann freue dich jetzt darauf, meine Erfolgsformel kennenzulernen.

Wenn du durch dieses Buch die wundervolle Klarheit für einen Angestelltenjob bekommen hast, dann möchte ich dir auch von Herzen gratulieren. Denn deine Arbeit ist wichtig. Und ich bin mir zutiefst sicher, dass du durch die Inhalte, die ich dir gegeben habe, sehr viele neue Blickwechsel in deinem Leben hast. Ich lade auch dich ein, die nächsten Kapitel zu lesen. Denn es gibt einige Punkte, die du bestimmt auf deine Situation übertragen kannst. Ich bin überzeugt, dass du sehr vieles mitnehmen wirst.

Vielleicht bist du auch noch an dem Punkt, dass du nicht so recht weißt, ob die Selbstständigkeit was für dich ist. Du überlegst, wägst ab, hast vielleicht Vorurteile dazu oder kannst es dir schlichtweg für dich noch nicht vorstellen. Es fühlt sich seltsam an. Verstehe ich total. Wir wollen ja schließlich alle »erfüllt und sicher« in unserem Beruf sein, stimmts?

Und vielleicht müssen wir auch einfach nur »sicher« neu definieren: Ich persönlich bin nämlich überzeugt, dass die Selbstständigkeit der sicherste Job der Welt ist.

Aber lies selbst ...

TEIL IV

... UND DAMIT NICHT AUF DIE SCHNAUZE FLIEGST

1

WARUM WIR UNS SELBST SO OFT IM WEG STEHEN

*D*ie Selbstständigkeit ist mit vielen Glaubenssätzen behaftet. Das geht los mit »Selbst UND ständig!«, »Selbstständigkeit ist harte Arbeit« oder »Es dauert lange, bis du profitabel bist« – die Liste könnten wir ewig weiterführen. Du kennst sicher den einen oder anderen Satz. Sie fühlen sich an wie ein schwerer Ballast auf den Schultern. Selbstständigkeit ist Unsicherheit. DAS wird suggeriert.

Du hast Eigenverantwortung für alles: Rente, Arbeitslosigkeit, Krankenversicherung, Steuer – einfach alles. Du musst dir Urlaub geben. Ruhezeiten beachten. Mittagspause machen und so weiter. KEINER kümmert sich um dich. Du bist völlig allein. Und dann hast du auch noch kein geregeltes Einkommen. Auftragsunsicherheit. HORROR! Das Bild macht nicht gerade Mut, oder?

So sah es zumindest in meinem Kopf aus. Und mein Umfeld sorgte natürlich auch für das farbenfrohe Ausmalen dieses Bildes. Gerne über den Rand hinaus. Ich war rebellisch genug, dass ich mit erhobenem Haupt allen die Stirn bot. Auch meiner eigenen Angst. Und dennoch waren die typischen Glaubenssätze zu Selbständigkeit oft allgegenwärtig und bedrohlich.

Ich kann mich noch gut an einen Moment erinnern, als ich abends im Bett lag und mir wieder mal klar wurde, dass – wenn ich weiter so von der Hand in den Mund lebe – alles andere als eine rosige, abgesicherte Zukunft auf mich wartet. In mir kam die Angst vor Altersarmut so sehr hoch, dass ich plötzlich kerzengerade im Bett saß und Tim weckte – mit den Worten: »Wir brauchen eine Immobilie!«

Schlaftrunken und völlig irritiert, dass ICH mitten in der Nacht all meine Vorsätze vom NICHT-Schwäbischen-Masterplan und NICHT-Häuslebaue über den Haufen werfe und mit einer Vehemenz und Überzeugung DIE eine Lösung für meine Zukunftsangst hatte, drehte er sich um und schlief vermutlich mit dem Gedanken ein: »Ah, das hab ich wohl nur geträumt.«

Woher auch Geld dafür nehmen? Es war irrwitzig. Doch der Gedanke daran fraß sich in mir fest. Meine neue Innere Mission war: Sicherheit fürs Alter bekomme ich durch eine Immobilie! Als Selbstständige habe ich ja keine staatliche Rente. Und bevor ich dann meine Miete nicht mehr zahlen kann, sitz ich lieber in einer eigenen Wohnung. Dafür war ich auch bereit, von meinem Prinzip abzulassen.

SICHERHEIT. Die stetige Suche, die Selbständigkeit so zu gestalten, dass ich wieder ruhig schlafen kann.

Mannomann, waren diese bedrückenden Ängste in meinem Kopf manchmal laut! Doch – und das kann ich aus heutiger Perspektive noch viel leichter erkennen: Sie waren schlichtweg NUR in meinem Kopf.

Denn – auch das kann ich drehen: Ist meine Bewertung zu Eigenverantwortung eine, die mir Angst macht oder die mir Freiheit bietet?

Ist meine Haltung zu Urlaub und Freizeit selbstbestimmt regeln eine, die mich überfordert und dazu führt, dass ich mir das weniger zugestehe? Oder gibt sie mir eine Flexibilität, die ich ebenfalls als Freiheit empfinde? Was erlaube ich mir? Wie sehr achte ich auf mich?

Empfinde ich es als Last, mich um Krankenversicherung, Rente, Steuern und so weiter, zu kümmern oder sehe ich es als etwas, worin ich ein Lernfeld habe. Etwas, das meine Unabhängigkeit bestärkt, weil ich dann immer weiß, wie es läuft und es meine Lernkompetenz stärkt? Großartig, DAS alles zu verstehen und zu gestalten!

Egal, welcher Glaubenssatz hochkommt, gelten auch hier immer die zwei Fragen: Will ich das so glauben oder wie könnte meine Perspektive darauf besser sein? Was nehme ich davon auch einfach »nur« wahr und einigermaßen gleichgültig hin, weil der Nachteil dadurch zwar da ist, aber der Vorteil dadurch viel größer ist und meinen Fokus haben darf?

Apropos Nachteil:

ES GIBT IMMER EIN VORTEIL-NACHTEIL-SET. WIR KÖNNEN GETROST AKZEPTIEREN, DASS ES – EGAL, BEI WELCHER ENTSCHEIDUNG – NICHT IMMER NUR VORTEILE GIBT.

Im Übrigen ist auch das immer eine subjektive Wahrheit. Was von dem einen als Vorteil empfunden wird, nimmt der andere als Nachteil wahr. Da ist sie wieder – die »eigene Brille«.

Wo stehe ich mir also mit meinem eigenen Kopf und meinen Self-Made-Szenarien gerade selbst im Weg und mache mir den Schritt in die Selbstständigkeit so viel schwerer?

Ich möchte in diesem Kapitel auf einige dieser sogenannten SELBST-SABOTEURE eingehen, die uns kleinhalten oder dafür sorgen, dass wir uns weniger trauen, als wir eigentlich wollen.

Wenn wir diese Saboteure erkennen und uns ins Bewusstsein rücken, können wir ihnen herzallerliebst einen kräftigen Tritt in die Eier verpassen und erhobenen Hauptes drüberstehen.

Bevor wir uns das anschauen noch mal kurz zum Verständnis: Woher kommt so ein Selbst-Saboteur und warum, verdammte Axt, ist der denn überhaupt da? Wir stehen uns ja nicht aus Jux und Dollerei im Weg – das hat ja alles Gründe. Und es ist sehr hilfreich, sie zu verstehen.

EIN SELBST-SABOTEUR HATTE IRGENDWANN MAL EINE SCHUTZFUNKTION.

Das kann sein, dass er sich entwickelt hat über einen der Urinstinkte (Flucht, Kampf, Erstarren), weil eine bestimmte Situation eine Gefahr ausgesendet hat. Und du keine andere Handlungsoption für dich parat hattest. Es kann auch sein, dass er entstanden ist durch mehrere, ähnliche Erfahrungen, in denen dein System eine Strategie gesucht hat, möglichst glimpflich herauszukommen. In jedem Fall war eine Bedrohung da und Schutz war nötig.

Dass wir diese Strategien (Schutzfunktionen) dann in uns als Lösungsweg abgespeichert haben und bei einer Situation, die sich auch nur 20 Prozent ähnlich ANFÜHLT, sofort als Reaktion rausholen, ist – simpel gesagt – ein Automatismus von uns. Also keine bewusste Handlung.

Treten wir einen Schritt aus der Situation heraus, dann verstehen wir meistens sehr genau, dass die damalige Situation und die aktuelle Situation (fast) gar nichts miteinander gemeinsam haben. Höchsten vielleicht die 20 Prozent Gefühl.

Wird uns das bewusst, löst sich der Saboteur manchmal von allein auf. Oder zumindest wissen wir, woran wir als Nächstes arbeiten können.

Das fiese an den Selbst-Saboteuren ist, dass sie eben meist UNBEWUSST sind. Dass wir gar nicht wissen, WARUM wir gerade so reagieren und wann sich diese Saboteure mal als Schutz etabliert haben.

 Beispiel: Selbst-Saboteure entlarven

Eine wundervolle Kundin von mir hatte ein verrücktes Muster etabliert: Immer, wenn sie ihr gestecktes finanzielles Ziel erreicht hatte, hörte sie sehr abrupt auf, weiter etwas dafür zu tun, Kunden zu gewinnen. Sie fiel so gesehen in ein Erstarren. Nach dem Motto:»Ich habe es mir jetzt bewiesen, dass ich das kann. Jetzt kann ich auch damit aufhören.«

Absurd. Denn natürlich wollte sie nicht aufhören, weiterhin Kunden zu gewinnen. Sie ertappte sich aber dabei zu prokrastinieren, sich anderweitig zu beschäftigen, Ausreden zu finden und so weiter.

Wir schauten uns dieses Muster intensiver an und suchten nach dem Entstehungspunkt des Saboteurs. Und siehe da, das Muster kam ursprünglich aus einer komplett anderen Situation, in der sie Mobbing erlebt hatte in ihrer Jugend. Weil es ihr sehr leichtfiel, zu lernen und sie zu den Besten der Klasse gehörte. Sie stach heraus und wurde deswegen gehänselt. Und um dazuzugehören, versuchte sie absichtlich schlechtere Noten zu bekommen. Um angenommen und gemocht zu werden. Um aus dieser Not des Mobbings herauszukommen.

Der Saboteur war das Gefühl, nicht mehr dazuzugehören, wenn sie aus der Masse »herausstach«. Wenn sie erfolgreich wurde und damit vielleicht auch besser als andere, bedeutete das für ihr System eine Gefahr. Logisch, oder?

Allein das Bewusstmachen dieser Situation und wie wenig das eine mit dem anderen heute zu tun hat und dass schlichtweg

GAR KEINE GEFAHR droht, hat sie aus dem Prokrastinieren gebracht.

Großartig, oder?

Gerade bei den unbewussten Selbst-Saboteuren bedarf es häufig
eines Spiegels von außen – sprich einer Person, die dir die richtigen Fragen stellt. Denn wie willst du an etwas Unbewusstes
selbst ran, wenn es dir nicht BEWUSST ist? Ist ja klar.

Hier mit Hilfe von außen den Fuß vom Schlauch nehmen zu
können, ist Gold wert. Selbstverständlich bedarf es dazu des Dia-
logs. Im nächsten Kapitel möchte ich dir trotzdem gerne, obwohl
wir hier keinen Dialog haben können, Hilfestellung geben und
zumindest einige sehr häufig vorkommende Saboteure beleuchten. Dann legen wir mal los.

2
DRAMALAMA-BABY

*H*eieiei, das ist echt fies. Stimmt! Ausgerechnet DU gehörst zu denen, die es nicht schaffen. Schließlich gibt es ja auch noch Glück, Zufall oder den berühmten Satz: »Die hat es in die Wiege gelegt bekommen!« Talent. Der eine hat's – der andere nicht. Totschlagargument! Andere können das. Andere haben Glück. Der Zufall will's nicht anders.

Okay. Vielleicht ist dein Bild von dir aktuell noch das, dass du NICHT zu den Gewinnertypen zählst. Falls es solche Schubladen überhaupt gibt. Aber nehmen wir mal an, dein Kopf erzählt dir das:

- Es gibt die Schubladen Gewinner und Verlierer!
- Die anderen haben mehr Glück als ich!
- Der Zufall war's.
- Mir fällt das nicht leicht. Ich habe kein Talent in der Richtung!

Sicher ist dir klar, dass du damit die Verantwortung von dir wegschiebst und dich automatisch in die Opferrolle begibst. Ausreden über Ausreden.

Nur: Wie kommst du da raus? Wie wird dein Kopf leiser und dein Glaube an dich stärker? Schauen wir mal eine Schicht tiefer, was dich in diese Opferrolle zwingt. Wir wissen es ist ein Schutzmechanismus. In der Regel ist es die Angst, zu versagen.

Es nicht zu schaffen. Aus irgendeinem Grund deinen eigenen Erwartungen (oder denen der anderen) nicht zu genügen.

Auch das »Erwartungen-Haben« ist eine Opferhaltung. Ich erWARTE ja, dass irgendetwas da draußen passiert. Also lehne ich mich zurück und gebe die Verantwortung ab. Deshalb wollen wir uns diese Opferrolle jetzt genauer anschauen. Wie ist es möglich, genau dort herauszutreten und diesen Automatismus aufzulösen?

Auch hier gilt wieder: Bewusstmachen ist der erste Schritt.

Es gibt das Dramadreieck und jede Ecke steht für eine bestimmte Rolle. Die Ecken bedingen sich gegenseitig. Mache ich mich zum Opfer, mache ich automatisch jemand anderen (und seien es nur die Umstände) zum Täter und ich muss von irgendjemandem gerettet werden.

Andersrum natürlich ebenfalls: Spiele ich den Retter, mache ich automatisch andere zum Opfer und zum Täter. Das können Personen oder Situationen sein.

Retter/Held

Das
Dramadreieck

Täter/Schuldige   Opfer

In jedem Konflikt nehmen wir eine bestimmte Haltung ein. Du kannst also jedes Drama auf dieses Dreieck herunterbrechen.

 Beispiel: Dramadreieck in einer Alltagssituation
Dein Mann hat mal wieder die Spülmaschine nicht ausgeräumt. Du bist verärgert. Es war abgesprochen. In dir kommt der Trigger hoch, dass du so viel mehr im Haushalt machst als er, und daher auch einfach nicht zur Ruhe kommst. Es kommt zum Streit.

Rolle: Du bist das OPFER, das nicht zur Ruhe kommt. Dein Mann ist der SCHULDIGE, der sich nicht an Absprachen hält. Wer könnte der HELD sein?

- Vielleicht die Schwiegermutter, die kurzerhand die Spülmaschine ausräumt (nächster Trigger)?
- Vielleicht die Putzfrau, die ihr engagiert (um dem Konflikt aus dem Weg zu gehen, auch wenn er noch da ist)?
- Vielleicht eure Tochter, die in die Küche ruft: »Jetzt streitet nicht schon wieder!« (Ui – das sitzt!)?
- Oder du selbst, weil du es eben DOCH wieder selbst machst und du damit als Opfer UND Held deinen Mann DOPPELT zum Täter machst.

In jedem Konflikt gibt es alle drei Rollen. Manchmal nicht sofort ersichtlich. Und es lohnt sich, danach zu suchen. Denn wie schnell geraten wir in Streitsituationen in eine der Rollen? Natürlich je nach Perspektive stetig wechselnd.

Gerade bei dem Täter-Opfer-Thema ist es wertvoll herauszufinden, WEN du gerade in die Retter Rolle drückst.

Wir sind tatsächlich in sehr vielen Situationen täglich in diesen Rollen. Und dennoch sollten wir es nicht damit entschuldigen, in diesen zu verharren. Vielmehr können wir uns dessen

bewusstwerden, die Rollen definieren und den Weg dort raus-
suchen. Das ist mit drei grenzgenialen Sätzen möglich. Denn
KEINE dieser Ecken ist gut. Es lohnt sich, aus JEDER Ecke auszusteigen und wieder in deine Mitte zu kommen.

ICH MUSS NIEMANDEM ETWAS BEWEISEN.
ICH HABE ALLES, WAS ICH BRAUCHE.
JEDER MENSCH IST GLEICH WERTVOLL.

Sag dir diese Sätze wie ein inneres Mantra, wenn du dich wieder
mal in einem Konflikt befindest und erkennst, dass du gerade
andere Menschen in Ecken schiebst. Und hole dich damit wieder in deine Mitte zurück! Eine großartige Möglichkeit, denn sie
verschafft dir Weitblick. Hast du den erlangt, bist du ratzfatz aus
der Opferrolle draußen.

Wer genau muss dich also jetzt retten und zum Erfolg tragen? Was genau brauchst du, um zu den »Gewinnern« zu gehören (oder gibt es diese Schublade gar nicht und JEDER hat das
Potenzial, ein Gewinner zu sein)? Wen setzt du auf einen Thron
und packst dein eigenes Licht selbst unter den Scheffel? Hol das
Licht lieber raus und sag mit stolzer Brust:

»HEY, HIER BIN ICH – ICH HAB
SO VIEL POTENZIAL!«

Ich muss niemandem etwas beweisen.
Ich habe alles, was ich brauche.
Jeder Mensch ist gleich wertvoll.
Punkt.

3

AUCH BIENE MAJA HAT HATER

*D*as passiert ja manchmal ganz schleichend: der Vergleich mit anderen. Wir sehen hier und da, wofür wir andere bewundern oder wie weit jemand schon ist. Denken uns nichts dabei, beobachten die Person weiter: »Oh, ist ja spannend, wie toll die das kann, wie sie das macht, was sie erreicht hat ...« – und zack, sind wir im Vergleichen drin!

Mir ging das zu Beginn meiner Selbstständigkeit als Coach sehr oft so. Ich war Anfängerin und vor lauter Unsicherheit im ständigen Vergleich. Meine Kolleginnen, mit denen ich meine Ausbildung startete, waren alle sehr unterschiedlich in ihrem Vorankommen und ihrer Geschwindigkeit. Manche überholte ich mit Windeseile. Andere waren so rasant erfolgreich unterwegs, dass ich mir klein vorkam. Ich selbst sah nur diejenigen, die »schneller« waren als ich.

Meine Selbstwahrnehmung war völlig verschoben. Ganz objektiv war ich umsetzungsstark, schnell lernfähig und gehörte zu denjenigen, die Biss hatten. Aber mein Selbstwert schlug mir da hin und wieder ein Schnippchen. Gerade in Situationen, in denen es mir nicht ganz so gut ging, ich vielleicht ungeduldig wurde oder der Zweifel um die Ecke lugte, ob ich tatsächlich davon leben kann, kickte es besonders rein.

Ich sah gefühlt ÜBERALL auf Social Media und im »echten« Leben, wie erfolgreich oder überragend gut ANDERE waren.

Laut betrachtete mein Kopf diese Eindrücke und immer stärker wurde das Bild, wie TOLL doch die ANDEREN sind ... Und leise und klein hinterher: ... und ich nicht!

Was aber machte dieser Gedanke dann mit mir? Er goss Benzin ins Feuer meiner Unsicherheit. Er ließ mich alles hinterfragen. Er beschäftigte mich bis zum Umfallen mit dem Gefühl, nicht »gut genug« zu sein, und bremste mich aus. Zumindest bis mir das auffiel.

Denn es gibt immer jemand anderen, der besser ist. Und es gibt immer andere, die du überholst. Die Frage ist, wozu dir dieser Vergleich überhaupt – egal in welcher Richtung – dient?

- Wenn du dich mit den »Besseren« vergleichst, wirst du dich klein fühlen.
- Wenn du dich mit den »Schlechteren« vergleichst, wirst du dich überheblich fühlen.

Beides nicht die besten Voraussetzungen für Erfolg.

Und was bedeutet das überhaupt: »besser« oder »schlechter«? Am Ende sind auch das rein subjektive Bewertungen. Wenn überhaupt, dann sollten wir besser sagen: »Jemand ist ANDERS!« Die Reichweite ist anders, die Fotos sind anders, die Anzahl der Kunden ist anders. Bewertungen, auch welche, die der eigene Kopf macht, dürfen eher hinterfragt werden.

SICH MIT ANDEREN ZU VERGLEICHEN PASSIERT OFT DURCH EIGENE UNSICHERHEIT UND TARNT SICH IM MANTEL DER BEWERTUNGEN.

Ungünstig. Im wahrsten Sinne des Wortes. So weit – so klar.

Was aber, wenn das gar nicht dein Kopf macht mit der Bewertung, sondern eine andere Person da draußen? Da kommt dieser negative Kommentar. Der dich trifft, wie tausend Pfeile gleichzeitig. Mitten ins Schwarze. Gefühlt ohnmächtig sitzt du da und fühlst dich hilflos ausgeliefert. Jemand findet dich oder deine Arbeit scheiße. BÄM!

Und da stehst du nun – an der Wand. Handlungsunfähig und bloßgestellt bis auf die Knochen. WAS genau ist JETZT zu tun?

Pass auf: Es gibt immer jemanden, der dagegen ist! Lenkst du deinen Fokus auf das eine Prozent der Leute, die dich nicht mögen, oder auf die 99 Prozent, die dich mögen? Auch Biene Maja hat Hater. Ein großartiger Satz von Tobi Beck.

Das stimmt. Also, das mit Biene Maja weiß ich nicht so genau. Aber ja, ich kann mir das vorstellen. Sag das aber mal meinem Kopf, der vor lauter Angst vor Bloßstellung völlig durchdreht und meine Gedanken durch die Luft wirbelt wie Jonglierbälle. Die Sehnsucht, wirklich von ALLEN gemocht zu werden, die Sorge, nicht dazuzugehören, wenn der eine ausspricht, was bestimmt ALLE anderen denken, hat mich sehr viel Kraft gekostet.

Die Folge wäre, raus aus der Sichtbarkeit und schnell wieder verstecken, wo keiner mich findet. Das wollte ich natürlich nicht. Und damit erlangte zum Glück die Vernunft wieder die Oberhand. Die folgenden Fragen helfen sehr gut zu sortieren, ob du auf den Kommentar hören solltest – oder eher nicht:

- Ist diese bewertende Person denn schon dort, wo ich hinwill, sodass ich mir diesen Kommentar wirklich zu Herzen nehmen sollte?

- Ist diese Person mein potenzieller Kunde und gibt mir durch den Kommentar einen Hinweis, der für mich wichtig ist?

Beides mit NEIN beantwortet? Dann ist der nächste Schritt die klare Entscheidung:

NIEMAND KANN MICH TREFFEN, WENN ICH MICH NICHT TREFFEN LASSE.

ICH entscheide, ob ich einer anderen Person so viel Macht über mich gebe, dass sie die Möglichkeit hat, Einfluss auf meinen Erfolg zu bekommen. ODER ich behalte meine Macht, sortiere, ob mir die Information dient und klicke getrost auf »Kommentar löschen«.

Ich bin der Gestalter meines Lebens!
Ich bin der Entscheider für meinen Erfolg!
Biene Maja ist ne coole Socke!
UND: Ich darf an meinem Selbstwert arbeiten!
Holla, die Waldfee!!!

4
VERTRAUENSVORSCHUSS IN DEIN NEUES ICH

*D*ass mein Selbstwert unfassbar viel mit meinem Erfolg zu tun hat, war mir so tatsächlich nicht bewusst. Ich hätte mich durchaus als selbstbewusst eingestuft. Schließlich hatte ich einen klaren Willen, Durchsetzungsvermögen und konnte mich in vielen Bereichen behaupten.

Vor einer Gruppe von 10 bis 15 gestandenen Handwerksmeistern als junger Hüpfer meine Bühnenbildidee vorzustellen, um gemeinsam über die Umsetzung in der Werkstatt zu sprechen, hatte mir längst keine Aufregung mehr bereitet. Ich war gut in dem, was ich tat. Ich war überzeugt von mir und meiner Arbeit. Warum also schlaflose Nächte haben? Es flutschte doch. Menschen waren begeistert von meiner Arbeit. Ich bekam großartige Aufträge, Preise und Standing Ovations. »Hervorragend erarbeitet, Frau Graßmann!«, würde ich sagen. Läuft!

Dass mein Selbstwert aber noch so viel Luft nach oben hatte, wurde mir erst bewusst in Situationen, die mal NICHT so nach Plan liefen. Wenn es mal nicht sofort flutschte, eine Feinjustierung nötig wurde oder eine gehörige Portion Geduld an der Tagesordnung war.

Mein Selbstwert war gekoppelt an meine Leistung. Bekam ich gute Resonanz, war alles tippi toppi. Kam eine kritische Bemerkung, fiel mein Selbstwert zusammen, wie ein wackeliges Kartenhäuschen. Vielleicht kennst du das ja auch? Wenn es gut läuft, gleitest du mit stolzer Brust und pfeifend durch den Tag. Aber wenn es mal wackelt und nicht so gut läuft, zermarterst du dir den Kopf und sitzt mit hängenden Schultern da wie ein Häufchen Elend.

Erstaunlicherweise haben wir im Regelfall ausschließlich in unseren ersten beiden Lebensjahren ein komplett natürliches 100-prozentiges Selbstwertgefühl. Es gibt keine Erwartungen an uns. Nichts, was wir tun oder haben müssen, um bedingungslose Zuneigung zu bekommen.

Kurz danach geht es los. Wir beginnen, unser Selbstwertgefühl aufgrund unseres Lernprozesses in der Gesellschaft Stückchen für Stückchen zu minimieren. Es wird fast automatisch an Leistung gekoppelt. Schule und Noten tun ihr Übriges. In der gesamten Herausforderung des Erwachsenwerdens, der Pubertät und der Identitätsfindung ist das eine fast schon logische Konsequenz. Leider!

Wenn ich etwas Bestimmtes TUE, dann fühle ich mich wertvoll. Wenn ich etwas Bestimmtes HABE, dann fühle ich mich wertvoll.

ERST MUSS ETWAS IM AUSSEN SEIN, BEVOR ICH MICH WERTVOLL FÜHLE. FÄLLT DAS WEG, PLATZT DAS SELBSTWERTGEFÜHL WIE EIN BALLON.

Dass ich somit in einer stetigen – auch emotionalen – Abhängigkeit bin, was meine Leistung angeht, ist alles andere als gesund. Denn so ein Kartenhäuschen ist sicher nicht das beste Fundament für ein erfolgreiches Business.

DAHER LOHNT ES SICH GENAU JETZT, DEN SELBSTWERT VON DER LEISTUNG ZU ENTKOPPELN UND NEU ZU DEFINIEREN.

Denn tatsächlich dürfen wir uns erinnern, wie wir als kleine Säuglinge mit dem selbstverständlichen Wissen auf diese Erde kamen, dass wir unumstößlich wertvoll sind. Dieser Wert ist nach wie vor da. Jeder Mensch ist zu 100 Prozent wertvoll – ganz egal, was um ihn herum passiert. Daran dürfen wir uns erinnern. Das ist wie ein Fünfzigeuroschein, der seinen Wert niemals verliert. Egal, wie er behandelt wird. Ob geknickt, im Dreck gewälzt, sorgfältig im Portemonnaie aufbewahrt oder zusammengeknüllt in der Jeans. Selbst angerissen, behält er seinen Wert.

Wie können wir in uns genau dieses Gefühl, dass wir 100 Prozent wertvoll sind, jetzt wiederholen? Indem wir uns genau das bewusst machen. UND: Indem wir unser Unterbewusstsein damit wieder stärken. Denn wie wir ja schon gelernt haben, haben wir damit einen sehr großen Hebel. Ich habe dir dazu eine wundervolle Meditation im Mitgliederbereich www.kidsundkroetenbuch.de hochgeladen.

WIR SIND ZU 100 PROZENT WERTVOLL. IMMER. JEDERZEIT.

Triffst du diese Entscheidung, das wieder zu glauben, gibst du dir einen gehörigen Vertrauensvorschuss für dein neues ICH.

5

VON DER UNBEWUSSTEN KOMPETENZ ZUR BEWUSSTEN KOMPETENZ

Solange wir noch dabei sind, unseren Selbstwert wieder aufzupolieren und von der hartnäckigen Patina der Leistungskopplung zu befreien, gibt es noch eine weitere Möglichkeit, uns an unsere eigene Großartigkeit zu erinnern.

Ich weiß jetzt nicht, ob meine Eltern sagen würden, dass ich als Kind bescheiden war. Ich denke eher nicht. Was ich aber tatsächlich hervorragend konnte, war mein Licht unter den Scheffel zu stellen. Mich kleiner zu machen, als ich war.

Als ich in der elften Klasse meine Leistungsfächer für die Oberstufe wählen sollte, war ein Fach völlig klar. Doch das andere bereitete mir sehr viel Kopfzerbrechen: Worin bin ich gut? Was macht mir Freude? Mathe stand sehr schnell fest und nach einigem Hin und Her wählte ich dazu noch halbherzig Kunst: Irgendetwas werde ich da schon hinbekommen. So viel kann ich da ja nicht falsch machen.

Einen Monat und eine Zeichenaufgabe später war ICH plötzlich das Gesprächsthema der gesamten Schule: »Was für ein Talent! Habt ihr gewusst, dass die Simone sooo gut zeichnen kann?

Das muss in den nächsten Schulkalender.« Ich wurde auf dem Gang von anderen Schülern und von mehreren Lehrern angesprochen. Selbst meine Eltern waren baff, was ich da hervorzaubern. Und ganz ehrlich – ich selbst ebenfalls.

Wie konnte es passieren, dass vorher keiner mitbekommen hat, dass ich zeichnen kann? Wie konnte es passieren, dass selbst ICH so unsicher war, ob Kunst etwas für mich ist, obwohl ich mich gerne an meinen Schreibtisch verkroch und stundenlang zeichnete? Weil ich mir meiner Kompetenz und wohl auch meines Talentes nicht bewusst war. Und mein Licht unter meinen Scheffel stellte.

Erinnerst du dich noch an das Beispiel zum Autofahrenlernen im Kapitel *Der heimliche Chef in dir – Das Unterbewusstsein?* Wie du etwas sehr Komplexes zu einem Automatismus hast werden lassen? Wir könnten auch sagen, dass du eine bewusste Kompetenz erlernt hast und sie dann zu deiner unbewussten Kompetenz wurde. Also ein bewusster Akt, der so häufig wiederholt wurde, dass er jetzt unbewusst abrufbar ist. Die Kompetenz ist gleichgeblieben – nur unbewusst geworden. So haben wir einige Kompetenzen im Laufe des Lebens erlernt, derer wir uns nicht mehr bewusst sind. In meinem Fall war für mich das Zeichnen eine reine Freude – mein Hobby. Ja es fiel mir leicht – ich brachte also sicher schon Talent mit – dennoch ist Zeichnen etwas, das erlernbar ist. Ganz nebenbei trainierte ich also aus purer Freude eine handwerkliche Fähigkeit, die dann im Kunst-LK plötzlich auffiel und für Furore sorgte. Und allen wurde bewusst: Die Simone, die kann zeichnen!

Das Gefühl, eine unbewusste Kompetenz oder auch ein verborgenes Talent wieder ins Bewusstsein zu rufen, stärkt natürlich total das eigene Selbstbild. Auch ich habe stolz den Schulkalender mit meiner Zeichnung als Titelbild in meinem Zimmer aufgehängt und meiner Oma geschenkt.

Dass da so einige unbewusste Kompetenzen in dir schlummern, ahnst du vermutlich jetzt. Wie wäre es, wenn wir uns gemeinsam daran erinnern? Und zwar mit folgender Übung:

ÜBUNG: KOMPETENZ-EDELSTEINE

Schreib dir mal eine Liste mit deinen Kompetenz-Edelsteinen aus deinem bisherigen Leben. Und sie darf gerne lang sein. Die folgenden Fragen sollen dir Hilfestellung geben, dich an deine unbewussten Kompetenzen zu erinnern:

- Worin bist du gut?
- Was hast du schon als Erfolg in deinem Leben verbuchen können?
- Wo bist du drangeblieben und hast dich durchgefuchst?
- Was hast du bisher alles gelernt?
- Was ist bei dir vielleicht sogar ganz besonders?
- Gibt es ein verborgenes Talent, das dir jetzt wieder einfällt?
- Wenn du in eine Rückschau auf dein bisheriges Leben gehst: Welche Erinnerungen kannst du wachrufen, bei denen du ein Erfolgserlebnis hattest?
- Vielleicht ist es auch etwas, das du als ganz »normal« betrachtest, weil es dir eben leichtgefallen ist?
- Vielleicht ist es auch etwas, das du gar nicht als Erfolg wahrnimmst, weil es in deinen Augen eher »klein« und nicht nennenswert ist?
- Vielleicht ist es auch etwas, das erst ein Misserfolg war, aber so viel Learning hatte, dass du allein das schon als Erfolg werten kannst, weil du danach den Dreh raushattest und der zweite Anlauf saß?

Was auch immer … Nimmt dir Zeit, die Erfolge deines bisherigen Lebens wieder wachzurütteln!

6

HINTER DER ANGST LIEGT DEIN GRÖSSTES POTENZIAL

Spätestens jetzt hast du sicher durch den gestärkten Selbstwert und das Bewusstsein, was du schon alles in deinem Leben gerockt hast, eine fette Portion Mut erlangt. Großartig! Warum passiert es dennoch jedem von uns immer wieder (Ja, natürlich auch mir!), dass wir weiche Knie bekommen, wenn es um neue, ungewohnte Schritte geht?

Vielleicht hast du schon mal davon gehört? Von der Komfortzone. Am kuscheligsten ist es Daheim. Die gewohnte Umgebung. Dort kennst du alles. Das meiste ist an Ort und Stelle und alles ist so, wie du es dir eingerichtet hast. Zumindest, wenn die Bande nicht so viel durcheinanderbringt. Da fühlst du dich sicher und geborgen. So ist das auch in unserem Inneren mit dem, was wir kennen und womit wir schon Erfahrungen gemacht haben. Wir lernen und entwickeln uns und bauen uns damit unseren Handlungsrahmen, in dem wir uns wohlfühlen.

Schöpfen wir nun immer aus unseren eigenen Erfahrungen, weil wir uns nicht trauen, mal etwas Ungewohntes auszuprobieren, bleiben wir auch bei den gleichen Ergebnissen innerhalb unserer kuscheligen Komfortzone.

WILLST DU NEUE ERGEBNISSE, MUSST
DU NEUES WAGEN. LOGISCH.

Neues zu wagen bedeutet aber immer, die Komfortzone zu verlassen. Und die Komfortzone zu verlassen, bedeutet immer Mut zu haben. Bei Mut schwingt auch Angst mit. Urg ... Scheibenkleister. Kommen wir also nicht drum rum ...

Vielleicht sorgt das für ein bisschen Beruhigung, denn: Die Unsicherheit ist völlig normal. Jetzt musst du nur eins verstehen: Dass das »normal« ist, heißt nicht, dass dein Kopf plötzlich ruhig ist. Denn für dein System bleibt es eine Gefahr und es wird alle Hebel in Bewegung setzen, dich in deiner Komfortzone zu halten. Auch wenn du es eigentlich besser weißt, dass gar nix (Schlimmes) passiert.

Willst du aber dein Ziel (das in der Wachstumszone liegt) erreichen, bleibt dir nichts anderes übrig, als die Komfortzone zu verlassen.

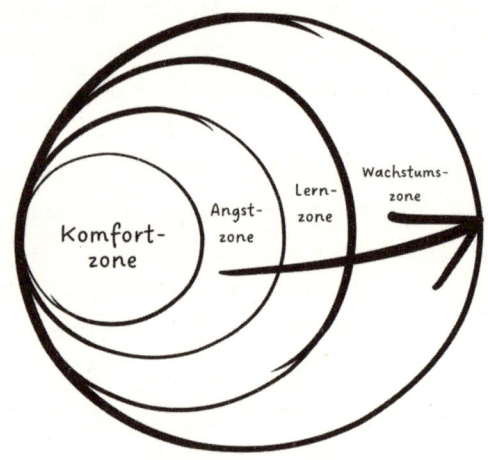

MUT = ANGST + TROTZDEM MACHEN

Attacke – Bonanza! Setz deinen starken Willen ein. Richte deinen Blick auf dein Ziel. Begib dich mutig aus dem heraus, was du schon kennst, um Neues zu gewinnen und deinem Ziel ein Stückchen näher zu kommen.

Hast du einmal den ersten Schritt gewagt (und bist – oh Wunder – nicht dabei gestorben), befindest du dich in der Wachstumszone. Alles, was hier passiert, ist NEUE Erfahrungen zu sammeln und zu lernen. Großartig! Denn mit Blick auf deine Vision wirst du Schritt für Schritt weiter mutig voran deine Etappenziele erreichen.

HINTER DER ANGST LIEGT DEIN GRÖSSTES POTENTIAL!

Ich liebe diesen Satz, denn er zeigt so wundervoll, warum es sich lohnt, mal die Augen zuzukneifen, tief Luft zu holen und die Komfortzone zu verlassen. Und ich gebe dir gerne Hilfestellung, wie du den Puls leichter wieder runterbekommst, wenn dich die Angst übermannt und es mal wieder Zeit für einen Mutausbruch ist.

ÜBUNG: RAUS AUS DER KOMFORTZONE

Atmen, atmen und noch mal atmen. Nimm die Angst wahr. Benenne sie und drück sie nicht weg. Sag gerne zu ihr: »Danke, Angst. Danke, dass du da bist. Du willst mich nur beschützen. Ich weiß. Heute brauche ich dich aber nicht. Daher darfst du nun getrost gehen. Ich möchte mutig sein. Ich BIN mutig!«

Dann atmest du noch einmal tief durch und setzt um. Und wenn's das erste Mal noch nicht geklappt hat, verurteile dich nicht. Atme wieder tief durch – und dann gleich noch mal derselbe Ablauf: »Danke, Angst. Danke, dass du da bist ...«

Eine weitere Hilfestellung zum Verlassen der Komfortzone bekommst du im Kapitel: *Finde dein WARUM.*

7

WARUM DU IMMER RECHT BEHALTEN WIRST

Ich war die Königin im Widersprechen. So vieles wusste ich früher besser: »JA, ABER ...« Meine Wahrheit, meine Meinung, meine Erfahrungen waren gefühlt Lexikonbeiträge. Eine immerwährende ultimative Weisheit – in Stein gemeißelt. Unumstößlich und ein allgemeingültiges Wissen. Selten einsichtig, mich getäuscht zu haben. (An dieser Stelle, DANKE an meine Geschwister, die es echt manchmal schwer mit mir hatten.)

Dass ich später überhaupt »coachbar« wurde, ist mir heute noch ein Rätsel. Und: Mein erster Coach hatte es mit Sicherheit nicht immer leicht. Mein Kopf war voller lauter »JA, ABERs ...«, voller Besserwisserei und voller Bewertungen.

MEIN EGO WOLLTE RECHT BEHALTEN UND BRACHTE SICH HIN UND WIEDER UM KOPF UND KRAGEN.

Der Psychologe CG Jung definiert das »Ego« als die Vorstellung, die der Mensch von sich hat.[18] Und meine Vorstellung von mir war starr und fest. Unumstößlich. Bis ich verstand: Ich stehe mir verdammt noch mal selbst gewaltig damit im Weg! Denn ich kann entweder Recht behalten ODER einen neuen Weg ausprobieren, auf meiner Wahrheit beharren ODER mich auf etwas anderes einlassen und erfolgreich werden.

- Hat mein Ego mich bisher an genau das Ziel gebracht, das ich erreichen will?
- Wie viel hat mich diese Besserwisserei an neuen Erfahrungen gekostet?
- Wie oft legt mir mein Ego einen Bremsklotz unters Gaspedal und lässt mich das Auto von Hand anschieben?

Meine neue – endlich einsichtige – Strategie war:

EINFACH MAL DIE KLAPPE HALTEN.

Das habe ich entschieden. Erst mal aufnehmen, verstehen, sich einlassen, sortieren. Was, wenn's gut wird? Was, wenn andere recht haben? Was, wenn ich mir einfach gerade selbst im Weg stehe? Das Ergebnis war gigantisch – und ich bin heute sehr froh, dass ich meinem Ego einfach mal den Mund verboten habe und über jegliche inneren Barrieren ging.

Sagen wir es mal so: Du entscheidest ja, was deine Wahrheit ist. Was du glauben willst und wo deine weitere Reise hingehen soll. Und du wirst immer recht damit behalten. Immer. Das ist sicher. Meine Frage an dich lautet also:

WILLST DU WEITER RECHT BEHALTEN ODER LÄSST DU DIESES »JA, ABER ...« NICHT LÄNGER DEINE LEBENSZEIT STEHLEN UND STARTEST ENDLICH DURCH?

8
FINDE DEIN WARUM

*B*evor wir zur Erfolgsformel für Selbstständige im Online-Business kommen, möchte ich eine sehr wichtige Frage in den Raum werfen. Vielleicht erscheint dir diese Frage im ersten Augenblick noch gar nicht so relevant. Aber sie wird ein enorm wichtiger Bestandteil, wenn es darum geht, auch dranzubleiben, sollte es mal ruckeln.

Erinnerst du dich noch an das Kapitel, in dem ich dir erzählt habe, wie wichtig die Intuition ist und welche Möglichkeiten es uns eröffnet, wenn wir sie ebenfalls zu Rate ziehen? Nun möchte ich dir noch eine weitere innere Instanz von uns vorstellen: die ABSICHT.

DIE ABSICHT IST EINE ART AUSRICHTUNG AUF ETWAS.

Wir senden in eine ganz bestimmte Richtung. Es ist wie ein Pfeil, den ich im Bogen habe und in eine ganz bestimmte Richtung loslasse. Es ist meine Blickrichtung und meine Entschiedenheit, den Blick nicht davon abzuwenden. Habe ich eine klare Ausrichtung auf mein Ziel, hilft mir das bei jedem weiteren Schritt dahin. Es hilft mir, wenn ich abschweife, mich wieder zu fokussieren. Es hilft mir, alles, was dem Weg dient, zu nutzen. Es hilft mir, eine Zugkraft aufzubauen. Es hilft mir, Abkürzungen zu nehmen.

Es ist die Haltung, mit der du antrittst.

Deine Entschiedenheit.

Dein Wille.

Deine Klarheit.

KURZ: DEINE ABSICHT IST DEIN ERFOLGSBESCHLEUNIGER.

Dann lass ihn uns nutzen – mit folgenden Fragen, die du beantworten darfst:

- Warum möchtest du diese Idee umsetzen?
- Was ist deine Vision, dein Ziel?
- Wo willst du unbedingt hin und warum?

Nimm dir Zeit, das alles konkret zu formulieren. Ich habe dir im ersten Kapitel davon erzählt, wie meine Kinder mein größter Motivator wurden. Mein Motivator, LOSZUGEHEN und etwas an meiner Situation zu ändern.

Ich möchte dir meine Vision verraten, denn sie ist der Grund, warum wir zwei uns hier in diesem Buch begegnen und auch warum ich so erfolgreich wurde. Halt dich fest:

Mein WARUM:
Das Zerrissenheitsgefühl zwischen Familie und Beruf, die nächtlich kreisenden Gedanken darüber, worin ich meine berufliche Erfüllung finden kann, das Unbehagen wegen der finanziellen Abhängigkeit von meinem Mann, die Liebe zu meinen Kindern, die so oft getrübt war durch meine innere Unzufriedenheit, weil ich funktionierte und mich in eine Rolle gequetscht sah ... You name it. Mit all diesen Themen bin ich nicht allein. So viele Mamas haben dieselben Gedanken,

Sorgen und das schlechte Gewissen. Darunter leiden nicht nur die Kinder, sondern auch die gesamte Lebensqualität der Familie.

Meine große Vision ist, diese Familien zu verändern. Diesen Mamas und Familien wieder Freude, Leichtigkeit und Freiheit in ihr Leben zu bringen. Ich möchte Potenziale wecken. Frauen, die sich kleinhalten wieder ihre eigene Großartigkeit spüren lassen. Ich möchte Lichter unter dem Scheffel hervorholen. Ich will Frauen dafür begeistern, ihre Stärken zu sehen und einzusetzen. Ich möchte starre Rollen und Fassaden aufbrechen und die kleine Welt der Familie verändern. Ich möchte, dass mehr Lächeln und Begeisterung in das Leben der Mamas kommen.

Ich möchte, dass DU morgens aufwachst und voller Freude und Enthusiasmus in den Tag startest – mit: »YEEES, HEUTE ist mein BESTER TAG!«

Ich möchte finanziell so frei sein, dass ich unserer Familie so viel Lebensqualität ermöglichen kann, wie ich es mir wünsche, und dabei noch so viel übrighabe, dass ich einfach locker jedem finanziell helfen kann, der es gerade braucht. Mir geht es nicht darum Geld, für mein Ego anzuhäufen, sondern Geld zu nutzen, um meinen Wirkungskreis zu erweitern. Um mit meinem Coaching noch mehr Frauen zu erreichen, damit sie für sich losgehen können und ihr Potenzial entfalten, UND anderen Menschen auf dieser wunderschönen Erde Möglichkeiten zu erschaffen, die sie durch ihre Umstände so (noch) nicht haben.

Ich möchte, dass auch all meine Kunden, die ich begleite, diese finanzielle Freiheit erlangen, um ebenfalls ihre kleine Welt und auch die große Welt Stück für Stück zu verändern. Ich liebe den Ripple-Effekt[19] und ich bin felsenfest überzeugt davon, dass wir gemeinsam dadurch so viel verändern können.

Dafür geh ich los. Das ist meine Mission.

Diese Worte fließen nur so aus mir heraus. Merkt man wohl kaum, dass ich für die Sache brenne. Haha, ja, da gehen die Pferde mit mir durch.

Jetzt bist du dran: Was ist dein WARUM? Was willst DU verändern durch deine Idee, mit der du dich selbstständig machst?

9
UND WIE MACHT MAN DAS?

*D*u hast inzwischen vermutlich schon ne Menge Hummeln im Hintern, endlich zu starten. Und die dringlichste Frage, die sich dir aufdrängt, wird wahrscheinlich sein: Wie genau macht MAN das?

Ich möchte dich hier nicht enttäuschen. Dennoch ist die Frage eine Steilvorlage für mich – also nimm es mir nicht übel, dass ich dir jetzt antworte: »Das ist die falsche Frage!« Denn wenn du es machst wie MAN, sprich wie ein Großteil der Selbstständigen da draußen, dann führt das nach Adam Riese und Eva Zwerg zu dem Ergebnis, das ein Großteil der Selbstständigen da draußen hat. Da ist es nicht weiter verwunderlich, dass es den Glaubenssatz gibt: »Selbst und ständig!« Wir sind uns beide einig, dass wir DAS nicht wollen.

Daher erkläre ich dir kurz wie es zur »Selbst-und-ständig«-Falle kommt, damit dir das auf GAR KEINEN FALL passiert.

Du bist Anfänger und startest das erste Mal in die Sichtbarkeit. Du wirst übers Internet, Social Media, Website oder auch offline in Zeitungen oder Flyern sichtbar. Am besten überall gleichzeitig – denn viel hilft ja viel. Vermutlich bist du ganz aufgeregt und bringst dich vorsichtig und noch etwas unsicher an den Markt. Weil du ja noch nicht so viele Erfahrungen darin hast, bietest du die ersten Dienstleistungen oder Produkte kostenlos an. Vielleicht gibt es auch den einen oder anderen Bonus on top.

Um Kundenfeedback zu bekommen, machst du vielleicht auch ein Vorab-Programm. Beta-Version, wie man so schön sagt. Schließlich muss dein sorgfältig erarbeitetes Programm (und es hat dich eeeecht viel Zeit gekostet das alles so schön zu erstellen) oder Produkt erst mal getestet werden. Du startest bei deinem Preis günstig. Schließlich bist du Anfänger und wirst dich nach und nach hocharbeiten, bis du dich irgendwann als Experte fühlst. Rote Zahlen am Anfang sind normal. Irgendwann rentiert es sich schon. Anfangsinvest und so weiter – das kennen wir ja. Um profitabel zu werden, muss MAN halt viel Geduld aufbringen und dranbleiben, damit es was wird. So der Plan. Alles bereit? Dann GO! Lasst die Kunden kommen …

Und?

NICHTS passiert! Enttäuschung!

Und die Mühle beginnt …

- noch mehr arbeiten …,
- sich auf noch mehr Kanälen zeigen …,
- noch mehr durch kostenlosen Inhalt beweisen, dass du es draufhast …,
- den Preis noch ein bisschen günstiger ansetzen und im Freundeskreis nach Testkunden fragen …

Tage und Nächte gehen drauf.

WIR ERINNERN UNS: ZEIT IST UNSER KOSTBARSTES GUT. SIE IST NUR EINMAL DA.

Natürlich machen wir es genau SO NICHT. Das wäre das reinste Burnout-Kommando. Zum Scheitern verurteilt. AUF GAR KEI-

NEN FALL! Daher - der erste Punkt meiner Erfolgsformel lautet: Starte nicht als »Anfänger«, sondern...

STARTE GLEICH ALS EXPERTE.

»Ja, na klar! Als ob das so einfach geht, liebe Simone ...« Ich weiß. Lass es mich erklären.

Wohin würdest du lieber gehen, wenn du dir die Hand gebrochen hast und operiert werden musst? Zum Assistenzarzt für Orthopädie, der grade frisch von der Uni kommt? ODER zum Oberarzt für Handchirurgie? Suggestivfrage – ich weiß. Natürlich zum erfahrenen Experten.

Bei solch einer Ärztelaufbahn sind die Regeln des Hocharbeitens vorgeschrieben. Und in vielen anderen Berufen ist das ebenfalls durchaus nötig und sinnvoll oder einfach schlichtweg gesetzt.

Bei der Selbstständigkeit NICHT. Hier hast du jederlei Gestaltungsspielraum. Auch in der Selbstständigkeit ist das Hocharbeiten EIN möglicher Weg. Dieser Weg ist allerdings im Regelfall nicht der Tatsache geschuldet, dass du noch keine Erfahrungen oder kein Wissen zu dem Thema hast, sondern vielmehr der Unsicherheit, damit nun auch Geld zu verdienen.

Und jetzt wird's spannend. Denn hinter dieser Unsicherheit verbirgt sich ein Rattenschwanz an Glaubenssätzen. Pass auf – vielleicht erzählt dir dein Kopf das ja auch, wenn ich dich frage: Bist du Expertin in deinem Bereich?

- »Ich brauche erst mal viele Ausbildungen/Zertifikate/ Studienabschlüsse, die mich zum Experten machen.«
- »Ich brauche erst mal jahrelange Erfahrung mit zahlenden Kunden, die mich zum Experten macht.«

- »Ich brauche erst mal ein fertiges Programm.«
- »Ich muss erst mal ÜBERALL sichtbar werden: Website, Flyer, Social Media, Zeitung …«
- »Das sichtbar werden bereitet mir schlaflose Nächte. Was sagen die anderen dazu? Was wenn's nicht klappt?«
- »Ich hab noch nie dafür Geld verlangt, wie soll ich das verkaufen? Ich mag verkaufen eh nicht!«
- »Ich will vor allem helfen. Am liebsten würde ich es kostenlos anbieten, um möglichst viele Menschen zu erreichen. Ist mir klar, dass das kein Geschäftsmodell ist, aber so fühle ich das.«
- »Nur, wer hart arbeitet, darf auch viel Geld verdienen. Das kann ich doch eh nicht.«

Genau diese Gedanken sind es, die dich davon abhalten überhaupt zu starten. Und wenn du dir das trotzdem in den Kopf gesetzt hast und es angehst, dann sorgen sie dafür, dass du dich unsicher und hart arbeitend durchboxt. Klingt alles ganz schön anstrengend und alles andere als familienkompatibel? Korrekt!

Was wäre also ein anderer Weg – ein Weg, um als Expertin zu starten? Entscheide dich dafür, dich nicht hochzuarbeiten. Starte gleich OBEN – mit einer Expertenhaltung, einer Expertenausstrahlung und einem Expertenangebot!

»Momentchen, Momentchen, Momentchen!« Schreit dein Kopf hier auch so laut wie meiner früher: »Ich kann mich doch nicht als Expertin positionieren, wenn ich gar keine BIN!!! Damit mache ich mich doch zum Abzocker vorm Herrn, weil ich ja nur BEHAUPTE, dass ich etwas kann.«?

Alsooo – ich habe NICHT gesagt, dass du dich mit etwas, wovon du so GAR KEINE Ahnung hast, als Expertin positionieren sollst. Aber ich sage, dass du vermutlich sehr viel mehr Expertise in dem einen oder anderen Bereich hast, als du dir selbst gerade zugestehen würdest. Das gilt natürlich vor allem, wenn es um deinen Leidenschaftsbereich geht. Richtig?

Expertin ist man, weil man das Wissen oder die Erfahrung dazu hat. Im Idealfall hast du beides. Und es ist völlig irrelevant, ob du ein Zertifikat besitzt oder schon viele Jahre Geld für deine Arbeit verlangt hast.

Es geht darum, dass du selbst anerkennst, WIE SEHR du schon Expertin bist und es bisher »nur« noch nicht so benannt hast. Und dass es sich lohnt das Gefühl und deine Haltung zur »Expertin« zuerst anzugehen und im Inneren zu etablieren. Anstatt den langen Weg des »Hocharbeiten« zu wählen, um damit eine Form von Sicherheit zu erlangen.

In der Theorie klingt das recht fein. Doch du merkst wahrscheinlich während der Umsetzung, was dir an Glaubenssätzen oder Unsicherheiten noch so im Weg steht. Und genau DAFÜR gibt es die Mindset-Arbeit, die Teil meiner Erfolgsformel ist. Die Innenarbeit, mit der wir dir eine Sicherheit im Unterbewusstsein erarbeiten, sodass du mit stolzer Brust und voller Überzeugung dich selbst als Expertin wahrnimmst und das nach außen auch so kommunizierst.

Aber wo kommt der Glaubenssatz überhaupt her und soll DAS deine Wahrheit bleiben? Was möchtest du stattdessen glauben und welcher Perspektivwechsel könnte dir helfen, um dir mehr Sicherheit zu geben?

Ein paar Beispiele dazu:

- Wenn du an deine Idee, das Thema, mit dem du dich selbstständig machen möchtest, denkst: Wo hast du in deinem bisherigen Leben Berührungspunkte gehabt oder Erfahrungen gesammelt, die du nur nicht »zählst«, weil du bislang noch nicht dafür bezahlt wurdest?

- Ist es der Stempel auf dem Papier, der dich auszeichnet? Oder ist es dein Können – gepaart mit deiner Leidenschaft – für das Thema? Nimmt man automatisch alle als Experten wahr, die ein Zertifikat haben? Und: Sind wirklich alle Experten, nur weil sie eine Ausbildung gemacht haben?
- Zeigst du dich selbstbewusst und kompetent in deinem Bildmaterial oder scheu und verunsichert? Wo könnte das herkommen?
- Machst du dir Gedanken, was die anderen von dir denken könnten? Oder freust du dich als Vorbild wahrgenommen zu werden? Wie wichtig sind dir die Meinungen von anderen und warum?
- Gegenfrage: »Kannst du SICHERSTELLEN, dass du dich als Expertin FÜHLST, sobald du zehn Kunden, die Ausbildung oder … hast?«

SICHERHEIT IST EIN GEFÜHL – KEINE CHECKLISTE.

Es lohnt sich, bei all deinen Themen, die dich NOCH von der Expertin abhalten, hinzuschauen und sie lieber im Innen zu lösen, als den langen und anstrengenden Weg über das Außen zu suchen.

Wenn du nicht weißt, wo du da starten sollst, ist meine dringende Empfehlung, dir einen Coach zu suchen, der dich darin unterstützt, eine Expertenhaltung zu entwickeln. Auch wenn der Coach dich etwas kostet, sparst du am Ende nicht nur Geld (weil du ganz andere Preise verlangen kannst), sondern auch richtig viel Zeit und Nerven.

Und nun möchte ich noch gerne etwas in dir wecken, was bestimmt noch Potenzial nach oben hat und immer mal wieder in Vergessenheit gerät. Was das ist? Alle deine bisherigen Erfolge in deinem Leben. Erinnere dich an deine unbewussten Kompetenzen, die du wieder hochgeholt hast. Wie oft hast du diese tatsächlich gefeiert?

Schau dir diese Liste noch mal an. Erinnere dich wieder an deine Erfolge. Und mach nun, um diese Liste noch mal deutlich zu erweitern, die »Edelstein-Meditation« im Mitgliederbereich von www.kidsundkroetenbuch.de. Ich bin gespannt, wie viele weitere Edelsteine du sammelst. Schreib sie gerne auf.

Wie fühlst du dich jetzt nach der Meditation? Bereit, die nächsten Bäume auszureißen? Ist dir klar, dass, wenn du etwas wirklich willst, du es auch schaffen wirst?

ABER SO WAS VON!!! Also, Frau Expertin, jetzt lass uns den nächsten Schritt gehen.

TEIL V
DIE ERFOLGSFORMEL FÜR SELBSTSTÄNDIGE

1

WIE SELBSTSTÄNDIGKEIT
IN SICHER GEHT

*W*as mich persönlich am meisten gechallenged hat, war der Moment, als ich mit meiner Idee auf Social Media sichtbar werden wollte. Mein Hirn schrie wie ein Gorilla: »Was denken die anderen von mir, wenn ich mit etwas ganz Neuem starte? Was, wenn es nicht klappt? Und was denken DANN, wenn ich gescheitert bin, die anderen von mir? Herrje!«

DIE ANGST VOR DER SICHTBARKEIT HÄTTE MICH FAST MEIN NEUES LEBEN GEKOSTET.

Denn ich hätte es fast nicht gemacht. Warum? Ich wusste, ich bin gut. Ich wusste, ich habe etwas, das andere Menschen brauchen. Klar! Und in meinem stillen Kämmerlein war das auch wunderbar.

Ich kann mich noch wie heute an den Moment erinnern, als mir klar wurde, dass meine Sichtbarkeit auf Social Media unmittelbar bevorsteht. Ich also mit meiner Idee online gehe. Nicht nur, dass mein Puls gefühlt dauerhaft hoch war, auch an Schlaf war nicht mehr zu denken. Die Angst versetzte mich so in den Überlebensmodus, dass ich Fluchtmöglichkeiten suchte. Und zwar nicht, indem ich durch diesen Widerstand durchging, sondern mir eine Strategie zurechtlegte, wie ich diese Sichtbarkeit an meine Angst anpassen könnte: Ich entschied, dass ich das doch alles mit einem FAKE-Profil machen könnte. Ganz im Ernst! Was für eine geniale Idee meines Köpfchens. Falscher Name. Falsches Bild. Irgendwas – NUR NICHT ICH. Verstecken und in der Sichtbarkeit unsichtbar bleiben. Hervorragend! NEIN. Natürlich nicht hervorragend. Der Spleen wurde mir sehr schnell von meinem Coach genommen. Denn wer würde schon einem Fake-Profil vertrauen? Geschweige denn, von einem Fake-Profil was kaufen? Ist klar. Verdammt!

Meine Angst hatte mich einfach so sehr im Griff, dass ich bereit war, fast alles zu tun, nur um nicht durch diesen Widerstand durchgehen zu müssen. Warum hatte ich nur so viel Schiss vor dem, was andere von mir denken?

Bei mir war es die Angst vor Ablehnung. Indem ich sichtbar werde, erzählte mir mein Kopf, werde ich angreifbar. Indem ich angreifbar werde, kann ich verletzt werden. Was, wenn mich vielleicht sogar Menschen verletzen, die ich mag? Das Worst-Case-Szenario in vollem Gange. Also besser nicht starten, sonst könnte es gefährlich für mich werden.

Mein Kopf drehte innerlich durch. Mein ganzes System. Ich hatte Schweißausbrüche und schlaflose Nächte. Alles auf Alarm! Ein spannendes Phänomen. Schauen wir es mal genauer an: Denn das Einzige, was mein Kopf versuchte, war, mich in den sicheren Gefilden der Komfortzone zu halten. Weil es sich außerhalb davon verdammt gefährlich anfühlt. Komfortzone – kennen wir ja schon. Okay. So weit – so gut. Ungewohnt und neu muss nicht gleichzeitig eine Gefahr bedeuten.

Wie bekomme ich aber nun diese Sicherheit – dieses Gefühl, dass mich die Angst nicht gelähmt hält und ich wieder klar denken kann, um dann diese Komfortzone zu verlassen?

STEP 1 – REALITÄTS-CHECK

Das Erste und Wichtigste ist die Erkenntnis, dass gar keine reale Gefahr besteht. Dich findet im schlimmsten Fall jemand doof. Und bist du sicher, dass du dich von dieser einen Person, die dich doof findet, ausbremsen lassen möchtest?

Nein, natürlich nicht.

Dazu möchte ich dir kurz erzählen, dass ich mit dem Schritt in die Sichtbarkeit als Coach damals tatsächlich eine enge Freundin verloren habe. Es hat mich sehr getroffen und auch länger beschäftigt. Wir kannten uns 15 Jahre und ich war ihre Trauzeugin. Wir waren phasenweise wie Schwestern und erzählten uns alles. Wir waren uns sehr nah. Warum war sie aber nicht bereit, sich für mich zu freuen, mich in meinem Weg zu unterstützen oder ihn zumindest hinzunehmen?

Genau weiß ich nicht, was sie damals dazu gebracht hat, die Freundschaft zu beenden. Jeder von uns beiden wird seine eigene Wahrheit dazu haben. UND: Es ist, wie es ist. Hätte ich aber deswegen aufgehört, meinen Weg zu gehen? Weil jemand nicht bereit war, weiter mit mir zu wachsen? Hätte ich stehen bleiben sollen und sagen: Ja, okay. Dann halt nicht? Hätte ich meine Ziele, meine Begeisterung, meine Freude einfach aufgeben sollen? Hätte ich da stehen bleiben sollen, wo ich war, damit wir weiter befreundet sein können?

So schmerzhaft es ist. Natürlich nicht. Ich durfte lernen loszulassen. Ich durfte lernen, dass die wahren Freunde bleiben. Dass ich mich so verändert und weiterentwickelt habe, dass wir anscheinend nun nicht mehr zusammenpassen. Womit ich die Freundschaft von damals nicht schlecht reden möchte – ganz und gar nicht. Es gibt Weggefährten im Leben, die manchmal an Kreuzungen eine andere Abzweigung nehmen. Oder die stehen bleiben wollen. Alles fein. Jeder darf sich entscheiden, welchen Weg er wählt. Dennoch braucht es vielleicht den einen oder anderen Moment, um diesen Schmerz loszulassen und seinen Fokus wiederzugewinnen. Lass dich aber von niemandem abhalten, DU zu sein!

STEP 2 – MUTAUSBRUCH

Nimm deinen Blick hoch zu deiner Vision aus dem Kapitel *Finde dein Warum*. Geh in das Gefühl, dass genau das für dich erreichbar ist. Zum Beispiel, wie cool es ist, wenn Mama und Papa es sich auf einmal leisten können, dass beide zu Hause sind und viiiiel mehr Zeit für die Kids haben ... Oder was man alles Gutes in der Welt tun kann, wenn man Zeit UND Geld hat ...

Wie fühlt es sich an, wenn du deine Vision erreicht hast? Wäre das nicht der Hammer? Wäre das nicht DIE Lösung? Wie glücklich würde dich das machen? Erinnere dich an dein WARUM. Was ist dein Motor? Wozu bist du losgegangen?

BIST DU BEREIT, DEINE VISION ZU ERREICHEN UND DAFÜR JETZT EINEN KLEINEN MUTAUSBRUCH ZU HABEN UND DEN SCHRITT AUS DER KOMFORTZONE ZU WAGEN?

Mir hat dieser Blick zu meiner Vision sehr geholfen – vor allem, wenn mich mal wieder Zweifel oder Ungeduld eingeholt haben. Ich wusste genau, dass ich nicht mehr zurück in das Gefühl der Zerrissenheit zwischen Familie und Beruf wollte, die Kinder nur noch jonglierend in den Alltag gepresst und selbst völlig am Anschlag. Meine »Weg-von« Motivation war da. Definitiv.

Und sie hat mich angestoßen, loszugehen. Nur war mir damals noch nicht klar, WOHIN. Im vergangenen Kapitel habe ich dir erklärt, wie du deine Vision findest. Hast du zusätzlich zu deiner »Weg-von«-Motivation noch deine »Hin-zu«-Motivation im Gepäck wird sich dein Mutausbruch sehr viel leichter anfühlen. Und übrigens:

WAS WENN DEINE VISION NUR DESWEGEN DA IST, WEIL ES IN DEINER MÖGLICHKEIT LIEGT SIE ZU ERREICHEN?

STEP 3 – AUTHENTIZITÄT IST SEXY

Bleib immer DU. Male kein Bild von dir, das du nicht bist. Spiele keine Rolle. Setz keine Maske auf, hinter der du dich versteckst und die ein künstliches Abbild von dir ist, nur weil du denkst, das kommt vielleicht gut an. Bleib authentisch. DAS ist sexy. Klappt mal was nicht, dann sei ehrlich. Erzähl ruhig, was dir gerade passiert ist. Fehler sind einfach nur Learnings und passieren jedem mal. Das ist menschlich. Oder würdest du eine Person verurteilen, die sich verletzlich zeigt?

Dazu habe ich eine grandiose Geschichte, über die ich sehr lachen kann, auch wenn sie mich in dem Moment mit einer ordentlichen Dosis Adrenalin versorgt und einiges an Wirrwarr erzeugt hat:

 Beispiel: Öffentliches Malheur
Im Februar 2023 war ich schon kein Einzelunternehmer mehr und der Zusammenschluss meines Unternehmens mit dem von Stephanie war gerade frisch vollzogen. Wir machten in

besagtem Monat eine Online-Challenge mit mehreren tausend Teilnehmern. In einer Facebook-Gruppe live zu gehen, habe ich schon häufig gemacht. Was ich bisher technisch noch nie umgesetzt hatte, war, über Zoom verknüpft mit Facebook live zu gehen. Was passierte also? Ich klickte irgendwo irgendetwas falsch an und ging nicht dort live, wo ich sollte, sondern öffentlich in mehreren (auch fremden) Gruppen. Ich merkte über sieben Minuten nichts davon – bis mich Stephanie direkt anrief. Das ganze Malheur passierte, während mir viele tausend Menschen zusahen! Ein Publikum, das mich das erste Mal öffentlich kennenlernte. Wuaaaaaahhhh!

Was machte ich also mit meinem Adrenalinschub und meinem Kopf, der in alle Richtungen galoppierte? Erst mal ATMEN. Und lachen. Und dazu stehen! Keiner hat mich verurteilt. Ich bekam sogar positive Rückmeldungen dafür, dass ich so wunderbar ruhig geblieben bin. Dass ich einen kühlen Kopf bewahrt und dann so gut, so schnell und so erstaunlich entspannt den Absprung in die Challenge geschafft hätte.

Natürlich gingen auch mir kurz die Pferde durch. Ich habe sie aber gestoppt. Ich habe meinen Fehler mit Humor genommen – und mit der Aktion völlig ungewollt einige Sympathiepunkte gesammelt.

SEI DU – DENN DU BIST GROSSARTIG!

STEP 4 – SEI DEINE COOLE CHEFIN

Selbstständigkeit ist viel sicherer, als du denkst. Mach dir das noch mal bewusst. Denn schließlich hast DU alles in der Hand. Du bist nicht abhängig von Kollegen, Launen des Chefs, Arbeitszeiten, Urlaubsregelungen, Aufgabenzuteilungen, Personalentlassungen ... Dir fallen sicher noch einige Punkte ein.

Du gewinnst Flexibilität – sowohl im Hinblick auf deine Zeit, als auch im Hinblick auf deine Verdienstmöglichkeiten. Du bist dein eigener Chef. Und wenn du aus diesem Buch einiges umsetzt, dann bist du ein verdammt cooler Chef. Du wirst nicht mehr arbeiten, sondern voller Begeisterung deine Erfüllung leben. Warum genau lohnt es sich dann jetzt nicht, den ersten Schritt zu gehen und mutig zu sein? Macht keinen Sinn oder?!

STEP 5 – HOL DEIN UNTERBEWUSSTSEIN INS BOOT

Schreibe dir alle Glaubenssätze zum Thema Selbstständigkeit raus, die dir so einfallen und die NOCH ein Teil deiner Wahrheit sind. Drehe genau diese um – siehe Übung: *Glaubenssätze drehen* im Kapitel *Der heimliche Chef in mir: mein Unterbewusstsein*. Und wenn du dir die positiv formulierten Sätze noch nicht ganz glauben kannst? Dann befülle dein Unterbewusstsein dennoch mit den neuen, positiven Glaubenssätzen. Denn DAS soll ja deine neue Wahrheit werden. Also übe, übe, übe, bis du sie dir Schrittchen für Schrittchen mehr glaubst.

SEHR BALD KOMMT DER MOMENT, IN DEM DU DEN ALTEN, BELASTENDEN GLAUBENSSATZ ÜBERSCHRIEBEN HAST UND EINE NEUE WAHRHEIT DEINE REALITÄT IST.

DAS gibt dir enorm viel Sicherheit!

STEP 6 – WECKE DEIN GRÖSSTES POTENZIAL

Du hältst dich vermutlich noch ein bisschen kleiner, als du tatsächlich bist. Oder? Da ist noch einiges an Luft nach oben, wenn du es dir genau überlegst. Da schlummert doch noch etwas, das geweckt werden möchte. Erinnerst du dich an die Edelsteine, die du in der Meditation gesammelt hast? Was du schon alles kannst und erreicht hast? Wieso denn jetzt nicht diesen Schritt in die Selbständigkeit ebenfalls rocken?

ALLES, WAS ICH ANFASSE, BRINGE ICH ZUM ERFOLG.

Sag dir den Satz vor wie ein Mantra. Gib dir einen Vertrauensvorschuss in dich – ganz im Sinne von »Was würdest du deinem Kind sagen, wenn es was Neues ausprobieren will?«. Erlaub dir DU zu sein und dein größtes Potenzial auch öffentlich zu zeigen. Voller Selbstbewusstsein und als absolute Expertin. Du hast dazu einige tolle Übungen von mir an die Hand bekommen. Brauchst du noch einen Schubser? Dann einfach noch mal wiederholen. Der Mut wird kommen. You go, girl!!!!!

STEP 7 – SUCHE DIR SUPPORTER

Sage deinen engsten Freunden, deinem Partner oder deinen Geschwistern, was du vorhast. Wähle ausschließlich diejenigen in deinem Umfeld, die dich supporten. Lass dich ermutigen. Erzähle ihnen genau, WANN du in die Sichtbarkeit gehen möchtest. Mach ein verbindliches Datum aus. So wird es viel schwerer für dich, das Datum immer wieder zu verschieben. Bleibe verbindlich. Natürlich musst du dir und deinen Freunden nichts beweisen. Hilft es dir aber, dich zu überwinden, wenn du einen liebevollen Arschtritt bekommst? Dann nutze das. Schaffe Verbindlichkeiten. In dem Fall dient es dir ja.

2

LIEBER UNPERFEKT GESTARTET, ALS PERFEKT GEWARTET

Kennst du diesen Drückeberger. Dieser fiese hinterhältige Gnom, der dich permanent beschäftigt und nie zufrieden ist. Der überall noch mal etwas entdeckt, was besser werden muss oder neu durchdacht. Der irre viel Zeit in Anspruch nimmt und dich manchmal zur Verzweiflung bringt?

WER KENNT IHN NICHT: DEN PERFEKTIONISMUS?

Immer auf der Suche nach dem »Es geht noch besser!« bremst er dich aus und lässt dich nicht starten. Dahinter steckt mal wieder die eigene Unsicherheit, die eigene Erwartungshaltung an dich selbst und das Gefühl »nie gut genug zu sein«.

Und ich möchte dem Perfektionismus hier gar keinen großen Raum geben, denn du weißt inzwischen, wie du eigene innere Sicherheit erlangst, wie du Erwartungshaltungen drehst und an dem Glaubenssatz »Ich bin nicht gut genug!« arbeiten kannst.

Entlarve ihn, sortiere dich innerlich neu und richte dich dann auf dein Ziel aus.

GEH ALSO LOS, BEVOR DU BEREIT BIST.

Verkaufe BEVOR du dein Programm fertig hast.

Was du auf dem Weg lernst, während du mit deiner Dienstleistung schon startest, bringt dich viel effektiver voran. Während du schon Kunden gewinnst, kannst du deine Inhalte so viel näher an den Bedürfnissen deiner Interessenten entwickeln. Denn lass uns mal ehrlich sein: Selbst wenn dein Perfektionismus gesiegt hat und du mit fertig designtem Workbook, Visitenkarten, Logo und allen aufgenommenen Videos oder einer schwer durchdachten Programmstruktur an den Start gehst, weißt du nicht, ob es so, wie es dein Kopf gebacken hat, für deinen Kunden in der Praxis ideal ist. Du wirfst vermutlich ohnehin noch mal alles um. Also warum diese Extra-Schleife?

Für deine eigene Sicherheit? Weil du dich sonst nicht als Expertin fühlst? Ertappt. DAS haben wir in den vorherigen Kapiteln besprochen. Bitte schau dir das noch mal an.

Es reicht völlig aus, wenn du deinem Kunden einige Schritte voraus bist. Du wirst den Vorsprung immer behalten. Du lernst weiter, dein Kunde lernt weiter. Du baust weiter dein Programm aus, während dein Kunde das, was du gerade entworfen hast, umsetzt. Step by Step.

EINE NASENSPITZE VORAUS
REICHT VÖLLIG AUS.

Und: Schreit dein Perfektionismus in dir: »Ja, aber ...«? Erinnere dich an dein Ego. Alsooooo:

WILLST DU RECHT BEHALTEN
ODER ERFOLGREICH SEIN?

Dann leg los, bevor du bereit bist.

Tipp: Wenn dein Kopf dir nun sagt: »Ja, die Simone erzählt hier von einer Online-Dienstleistung und in MEINEM Fall ist das ja was gaaaanz anderes!« Stoppe ihn gerne gleich mit: »Willst du recht behalten oder erfolgreich sein?«

Natürlich bedarf es vielleicht an der einen oder anderen Stelle einer Transferleistung auf den eigenen Bereich. Dieses Prinzip gilt aber für alle. Und viel sinnvoller ist es, mit der Frage reinzugehen: Wie kann ich diese Leitlinie auf mich und meine Businessidee übertragen?

3
FOKUS: VIELE KÖCHE VERDERBEN DEN BREI

Als ich ganz frisch dabei war, mich auf dem Markt zu orientieren, wo ich am besten mit meinem Angebot starten könnte, kam mir diese ganze Online-Welt wie ein tiefes, schwarzes Meer vor. Ich hatte keinen blassen Schimmer davon, wie man das macht. Also suchte ich nach ähnlichen Angeboten und verglich sehr viel: Wie macht das die? Und wie macht das jemand anderes? Was gefällt mir daran und was will ich überhaupt nicht? Die ganze Recherche hatte allerdings einen unangenehmen Nebeneffekt. Nämlich: Es gab schon so viele, die das anbieten. Egal, mit welcher Idee ich in die Recherche ging: Es gab so viele andere, die schon wesentlich weiter waren als ich. Professioneller, schon früher als ich damit auf dem Markt, whatever ... Ich war völlig entmutigt.

Dann wurde mir klar: Ich werde das Rad nicht neu erfinden. Irgendjemand da draußen hat schon dieselbe Idee wie ich gehabt. Und ist vor mir gestartet. Und vielleicht hat er auch mehr Zeit oder mehr Erfahrung und, und, und.

Lass ich mich also davon aufhalten oder starte ich JETZT mein Ding, und zwar in dem Wissen, dass es genug Menschen da draußen gibt, die mein Angebot super gerne von MIR kaufen wollen?

Es gibt manche Dörfer, da existieren zwei oder drei Bäckereien. Manchmal lustigerweise sogar auf der gegenüberliegenden Straßenseite. Wie kann das denn gehen? Das Dorf könnte ja auch wunderbar nur von einer Bäckerei versorgt werden. Ganz einfach: Beim einen Bäcker schmecken die Brezeln besser, der andere hat mittwochs immer einen ganz bestimmen Kuchen und zum dritten Bäcker gehe ich so gerne am Samstagvormittag, weil da diese bezaubernde Verkäuferin ist, die mir so freundlich und gut gelaunt meinen Morgen versüßt. Jeder im Dorf hat seinen Lieblingsbäcker oder unterschiedliche Vorlieben für ein unterschiedliches Sortiment.

Die Bäckereien müssen sich nicht mal als Konkurrenten sehen, denn es gibt genug Abnehmer. Geschmäcker sind verschieden und die persönlichen Vorlieben, die ebenfalls zum Kaufprozess dazugehören, wie zum Beispiel die Freundlichkeit der Verkäufer, spielen ebenfalls eine Rolle. Also lehn dich zurück und sei dir sicher:

ES GIBT GENÜGEND MENSCHEN, DIE GENAU DEINE KUNDEN WERDEN WOLLEN. WEIL SIE SICH VON DIR ANGESPROCHEN FÜHLEN. ALSO MUTIG VORAN: SIE WARTEN AUF DICH!

Daher kannst du auch den Gedanken getrost loslassen, es genauso machen zu müssen, wie vielleicht jemand anderes da draußen. Wähle deinen Weg!

Erinnerst du dich noch an das Kapitel, als es um deine Ideenfindung ging? Da war die Rede davon, dass Fokus ein wesentlicher Erfolgsfaktor ist. Das zieht sich weiter durch. Deshalb möchte ich dich auf dem Weg in die Sichtbarkeit auch darin bestärken, dich sehr klar zu fokussieren und nicht auf allen Hochzeiten gleichzeitig zu tanzen.

Das hat mehrere Gründe. Ein sehr wesentlicher Grund ist natürlich deine Zeit. Denn die ist verdammt kostbar. Gerade als Mutter ist deine Zeit zum Arbeiten vermutlich deutlich reduziert. Das heißt: Die wenigen Stunden, die du hast, sind enorm wertvoll. Wenn du versuchst, überall sichtbar zu sein (Social Media, Website, Offline- Möglichkeiten ...), ist das mit sehr viel Arbeit verbunden. Und mit sehr viel Zeit. Um möglichst überall auch noch professionell und stetig präsent zu sein, bist du rund um die Uhr beschäftigt. AUSSCHLIESSLICH für Akquise. Heißt: »Selbst und ständig!« winkt schon von Weitem. Arrrrg.

Jetzt werfen wir nicht gleich das Handtuch. Denn auch wenn du vielleicht einige um dich herum auf vielen Kanälen gleichzeitig wahrnimmst, ist das nicht der einzige Weg, um erfolgreich zu sein. Du erinnerst dich: Wir wählen nicht den Weg des Hocharbeitens, sondern den Weg der EXPERTENHALTUNG.

WÄHLE EINEN KANAL UND SETZ DORT RICHTIG GUT UM!

Lass den Gedanken los, dass du ALLE Menschen erreichen musst. Soll ich dir was verraten? Kannst du eh nicht. Also versuche es erst gar nicht. Erinnere dich an die Bäckerei. Du musst nicht das ganze Dorf versorgen. Wunderbar, dass es mehrere Bäckereien gibt. So ist für jeden etwas dabei.

Setze mit einer fokussierten Klarheit auf EINEN Kanal und gib hier deine volle Begeisterung und Liebe rein. Geh mit der Haltung ran, dass hier ebenfalls deine Zielgruppe unterwegs ist und sie dich finden wird. Bleib in dem Bewusstsein, als Expertin sichtbar zu werden.

Bist du hier klar, wirst du auch so klar wahrgenommen. Was du aussendest, kommt zu dir zurück. Achte auf dich und nicht so sehr auf deine Mitbewerber. Vergleiche dich nicht. Bleib bei dir. BLEIB KLAR!

- Klarheit gibt dir Sicherheit.
- Klarheit lässt andere dich als Expertin wahrnehmen.
- Klarheit hilft dir, dich zu fokussieren und Zeit zu sparen.
- Klarheit gewinnt Kunden.

Lass uns also zusammen Klarheit finden:

STEP 1 – WÄHLE DEINEN KANAL

Auf welchem Kanal möchtest du sichtbar werden? Welche Hochzeit wählst du sozusagen?

Ist es ein Social-Media-Kanal wie Instagram ODER Facebook? (Ja, auch da entscheiden wir uns für EINEN Kanal!). Bedenke hier, dass es dabei nicht darum geht, welche Social-Media-Plattform dir persönlich besser gefällt oder wo du privat unterwegs bist. Überlege lieber, ob für dein Thema Text- oder Bildsprache relevanter ist. Deine Interessenten sind sowieso überall. Egal, auf welcher Plattform. Ist es wichtig, dass deine Interessenten etwas über dich oder dein Thema LESEN, dann ist Facebook die beste Social-Media-Wahl. Erklärt sich dein Produkt oder deine Dienstleistung über die Bildsprache (Beispiel: Interior Designer), ist Instagram die beste Plattform.

Lass deine persönlichen Vorlieben mal kurz am Spielfeldrand stehen und zuschauen. Wähle klug, für welche Mannschaft du dich entscheidest.

UND: ENTSCHEIDE DICH!

STEP 2 – LASS ALLE NICE-TO HAVES WEG

Brauchst du eine Website oder nicht? Wenn ja, wie wird sie sichtbar? Alleine über das ONLINESTELLEN wird noch keine Sichtbarkeit erzeugt. Hinterfrage kurz, ob die Website die absolut beste Wahl ist. Wir haben gesagt EINEN Kanal. Auch eine Website ist ein Kanal. Willst du damit gezielt Kunden gewinnen, benötigst du auf jeden Fall auch Google-Werbung. Hast du ein Produkt und möchtest das über einen Shop anbieten, ist eine Website definitiv wichtig.

Überprüfe, ob du die Website brauchst, weil du dich damit professioneller fühlst oder weil sie wirklich relevant ist.

Ich habe in meiner Laufbahn lange keine Website gehabt. Als ich sie dann erstellt habe (Weil ich eben genau das dachte: Dann bin ich professioneller!), habe ich darüber fast keine Kunden gewonnen. Es ist erstaunlich, wie viel leichter und zielführender es über Social Media möglich ist.

Also noch mal: Brauchst du wirklich, WIRKLICH eine Website? Oder gehört das unter die Rubrik »Nice-to-have« und ist im Sinne einer klaren Fokussierung aktuell unnötig?

STEP 3 – NUTZE BEZAHLTE WERBUNG

Hast du dich für einen Kanal entschieden und wirst hier sichtbar, verbringe möglichst wenig Zeit auf diesem Kanal. Denkst du jetzt: »Hä? Hat die Simone sich verschrieben? Jetzt darf ich nur einen Kanal nutzen und dann dort auch noch möglichst wenig lesen, vergleichen, aktiv kommentieren?«

Erinnere dich: Wir wollen zeiteffektiv und fokussiert Kunden gewinnen und uns nicht aufhalten lassen oder unnötig beschäftigen.

Nutze bezahlte Werbung, um genau deine Zielgruppe auf dich aufmerksam zu machen. Anstatt, um vielleicht etwas Geld zu sparen, deine Zeit zu investieren und den Interessenten dein Angebot hinterherzutragen.

WERDE FÜR DEINE KUNDEN EINFACH SICHTBAR – OHNE DASS DU ZEIT INVESTIEREN MUSST.

Du möchtest als Expertin auftreten? Wie glaubst du, machen es Experten? Sparen sie hier und da noch ein paar Euro für die Werbung (und es ist WIRKLICH nicht viel, was du investieren musst)? Versuchen Experten, die Menschen kostenfrei über Kommentare oder Posts in anderen Gruppen zu überzeugen?

Sei dir bewusst: Du bezahlst nicht mit Geld. Vielmehr bezahlst du mit der Zeit, die du gebraucht hast, um das Geld einzunehmen. Zeit, die dir für andere Dinge oder Menschen fehlt. Zeit, die dich Nerven kostet. Zeit, die du an anderer Stelle viel besser nutzen könntest.

Ich habe das auch mal besser gewusst. Kein Geld für Werbung. »Hab ich halt grad nicht!«, so mein Kopf, »das geht doch sicher auch einfacher ...« Klar. Also habe ich das Geld lieber in einen Kurs über »organische Kundengewinnung« (so nennt man das ohne Werbung) gesteckt. Und was war das Ergebnis? Ich hatte einen Arsch voll zu tun. Entschuldige die Ausdrucksweise, aber es war WIRKLICH so. Und keine Kunden. Was ich aber hatte, waren viele Kommentare, viele Diskussionen, viel Gerede und Vergleich meines Kopfes. Süchtig danach, noch MEHR zu tun, um MEHR Kunden zu gewinnen. In Windeseile gefangen im Hamsterrad.

Tu mir einen Gefallen: Mach es besser als ich und nimm die Abkürzung. Schalte bezahlte Werbung.

Du willst wissen, wie du das effektiv nutzt? Dann hol dir gerne unsere Schritt-für-Schritt-Anleitung im Mitgliederbereich von www.kidsundkroetenbuch.de.

STEP 4 – FOKUS, BABY

Lass ALLES weg, was dich beschäftigt und keinen direkten Einfluss auf die Kundengewinnung hat. Du brauchst keine Visitenkarten, kein Logo, kein Corporate Design, keine Flyer und auch kein T-Shirt mit einem Aufdruck von deiner Firma. Nix.

FOKUS. FOKUS. FOKUS.

Vielleicht fragst du dich: »Und was mache ich dann stattdessen? Worauf genau soll ich mich fokussieren?« Und hier ist meine Antwort: Auf genau die Dinge, die ich dir in den nächsten Kapiteln zeige.

4

ABC-ZIELE ODER WARUM DU MIT WEITEM BLICK MEHR ERREICHST

*D*u hast Bock darauf, so richtig erfolgreich zu sein? Und mit richtig meine ich RICHTIG! Vielleicht quakt dein innerer Kritiker weiterhin irgendwelche Glaubenssätze wie:»Träume sind Schäume!« Oder er erzählt dir irgendetwas, warum es ausgerechnet für DICH nicht möglich ist. Und das kannst du ja inzwischen gut drehen (siehe Übung: *Glaubenssätze drehen* im Kapitel *Der heimliche Chef in dir: dein Unterbewusstsein*).

Ich möchte dir jetzt eine Methode an die Hand geben, wie du leichter auch große Ziele erreichen kannst. Die A-, B- und C-Ziele.

MANCHMAL SEHEN WIR GAR NICHT DIE MÖGLICHKEITEN, DIE SICH UNS BIETEN, WEIL UNSERE VORSTELLUNGSKRAFT NOCH ÜBERHAUPT NICHT DARAUF AUSGERICHTET IST.

 Beispiel: Zeit-Ziel-Halbmarathon
Stell dir vor, du bist – so wie ich – laufbegeistert und hast einen Wettkampf in vier Monaten. Sagen wir mal, es ist ein Halbmarathon und du bist aktuell nicht besonders trainiert. Wie wird es am besten klappen, dass DU als Erster durchs Ziel läufst?

Genau. Du machst einen Trainingsplan und nimmst dir konkrete Zeiten vor, die du erlaufen möchtest. Sagen wir mal, dass du aktuell 2:11 Stunden brauchst. Okay, damit kommst du höchst wahrscheinlich nicht als Erste auf die Zielgerade.

Wenn wir nun in A-, B- und C- Zielen denken, dann wäre das A-Ziel, dass du die 2 Stunden knackst. Das wirst du sicher mit ein bisschen Training schaffen. Kein Problem. Es stretcht dich kein bisschen, es ist einfach gut möglich.

Nimmst du dir als B-Ziel nun 1:45, dann wird es vermutlich deine Motivation noch ein bisschen mehr ankurbeln, deinen Trainingsplan zu verfeinern und dich vor allem mental darauf auszurichten. Denn um dieses Ziel zu erreichen, musst du dich vielleicht etwas mehr strecken, da es schon richtig, richtig gut ist und es etwas mit dir macht, genau das zu erreichen. Vielleicht kribbelt es sogar ein bisschen, wenn du daran denkst, das zu erreichen.

Setzt du dir nun als C-Ziel eine Zeit von 1:36, so ist das vielleicht erst mal gefühlt übers Ziel hinausgeschossen, weil es sich einfach aus momentaner Sicht unerreichbar weit weg anfühlt. Lässt du aber den Gedanken zu, dass es für dich erreichbar werden könnte, und fängst du an, diese Vorstellung zumindest in deinem Kopf zu einer Möglichkeit werden zu lassen, passiert Folgendes: Du richtest dich auf dieses Ziel aus. So verrückt es auch klingen mag und so sehr dein Verstand sagt: »Gute Frau, das ist absoluter Nonsens und einfach NICHT möglich!«, löst es in dir aber ein Gefühl von: »Das wäre schon sau-sau-geil. Ich weiß zwar nicht wie, aber wenn ich DAS erreiche ... Oh ja, das wäre echt großartig!«

Und: Das macht etwas mit dir. Darum geht es.

DIE AUSRICHTUNG AUF DEIN C-ZIEL FÜHRT DAZU, DASS DEIN KOPF DURCHDREHT UND DICH IN DER KOMFORTZONE HALTEN WILL.

AHA, das kennen wir ja schon. Komfortzone – Angstzone – Lernzone – Wachstumszone, du erinnerst dich! Des Weiteren macht es, dass du die Vorstellung erst mal zulässt, das C-Ziel TATSÄCHLICH zu erreichen, und ein wohliges Gefühl sich ausbreitet, das dich vielleicht innerlich grinsen lässt.

Eine Emotion manifestiert sich also in deinem Unterbewusstsein. Eine Energie wird dazu freigesetzt. Es bewegt dich. Und was vermutest du, welche Zeit du dann laufen wirst?

Vielleicht sind es nicht exakt die 1:36. Es werden aber sicher auch nicht nur 2:00 Stunden sein oder 1:45. Vielleicht landest du bei 1:39. Okay. Fair. Hättest du das aber erreicht, wenn du dein Ziel bei 2:11 gelassen hättest? Oder bei 1:45?

Was hat dich so schnell rennen lassen? Der Trainingsplan? Bestimmt hat er mit reingespielt, aber nicht ausschließlich. Es war deine mentale Ausrichtung auf die 1:36.

EIN C-ZIEL IST DAFÜR DA, DASS ES ALLES IN DIR IN BEWEGUNG BRINGT.

Es ist nicht dafür da, dass du es unbedingt erreichen musst. Aber du wirst verdammt nah rankommen, wenn du mit diesen ABC-Zielen arbeitest.

»Shoot for the moon. Even if you miss, you'll land among the stars.«
NORMAN VINCENT PEALE

Du kannst diese Strategie für alles Mögliche wählen, was du erreichen möchtest. Selbstverständlich auch für Kunden oder Einkommensziele. Und genau das machst du. Was möchtest du mit deinem Business verdienen? Was ist DEIN Einkommensziel? Wähle deine A-, B- und C-Ziele dahingehend präzise.

- Was wäre ein A-Ziel für dein Einkommen als Selbstständige?
- Was wäre ein B-Ziel und was wäre das C-Ziel?

Nimm dir für das C-Ziel besonders viel Zeit. Wie hoch musst du es wählen, dass es dein Herz höherschlagen lässt? Und gleichzeitig deinen Kopf um den Verstand bringt? Wo ist ordentlich Bewegung drin, ohne dass es so weit weg ist, dass du den Bezug dazu verlierst.

 Zusammenfassung: ABC-Ziele
- A-Ziel: Ist etwas, das du schon fast logisch erreichst. Es ist der nächste Wachstumsschritt – ähnlich einer automatischen Gehaltserhöhung. Vielleicht ist es auch etwas, das du schon mal erreicht hast. Oder ein kleiner Tick mehr. That's it.
- B-Ziel: Ist immer noch im Rahmen des Vorstellbaren, aber schon ein sehr großer Schritt. Es lässt dein Herz deutlich höherschlagen und fordert deinen Verstand heraus. Du weißt, dass du es erreichen kannst, wenn du dich etwas stretchst.
- C-Ziel: Ist völlig außerhalb deiner bisherigen Möglichkeiten und deines Denkrahmens. Deine Komfortzone meldet sich zu Wort und alte Glaubenssätze werden laut. Es zaubert dir aber gleichzeitig ein Dauergrinsen ins Gesicht. Und das Gefühl, DAS zu erreichen, ist unbeschreiblich. DORT willst du hin. Das ist deine Ausrichtung!

Damit du es gut einsortierst: Hast du das C-Ziel erreicht, war es zu niedrig. Dann passe es gleich noch mal an und lege die Messlatte das nächste Mal höher. Bist du noch sehr weit davon entfernt, dann überprüfe deine A-, B- und C-Ziele noch einmal, um sie in eine gute Relation zu bringen. Überprüfe auch deine Emotionen und die Reaktion deines Verstandes auf das C-Ziel. Das ist meist sehr hilfreich.

Gehe am besten gleich in die Umsetzung. Eine Vorlage für deine A-, B- und C-Ziele findest du unter www.kidsundkroetenbuch.de.

5
DER PREIS IST HEISS

*N*u aber Butter bei die Fische. Jetzt geht's ums Geld. Aber über Geld spricht man nicht! schrie früher die Stimme in mir. Wenn jetzt alle Konditionierungen hochkommen, was das Thema Geld angeht, glaub mir: I feel you!

Das heikle Thema Geld, das zwar DA sein soll, aber nicht in den Mund genommen wird. »Tabugeschwiegen« und voller Bewertungen. Ich glaube, es gibt kaum ein Thema, das mehr Brisanz hat als das Geld. Vielleicht noch Sex. »Reich & Sexy«. Ist das nicht ein Album der Toten Hosen? Egal ...

Du kannst dich natürlich damit durchs Leben mogeln: Einmal Arbeitsvertrag abgenickt und dann kommt und geht das Geld. Du versuchst, möglichst wenig darüber zu sprechen. Checkst heimlich akribisch deine Kontobewegungen und läufst rot an, wenn der Steuerberater deine Zahlen laut ausspricht.

Da ich aus einer schwäbischen Umgebung komme und viele Konditionierungen zum Thema Sparen, Häusle-Bauen und Geld mitbekommen habe, nehme ich mir raus, das mit einem Augenzwinkern zu schreiben: »Über Geld spricht man nicht. Geld hat man!« Natürlich. Der typische Schwabe, mit dem Mercedes Benz in der Garage, der jeden Cent umdreht.

Es geht mir aber nicht darum, das ins Lächerliche zu ziehen. Doch hinterfragen möchte ich es allemal. Und weil das so ein wichtiges Thema ist, möchte ich das Geld-Mindset in der Tiefe in einem separaten Kapitel beleuchten. Denn dass wir daran nicht vorbeikommen, wird dir spätestens klar, sobald du zusammenzuckst, wenn dich jemand fragt: »Und was kostet das?«

DENN IN DEM MOMENT, IN DEM DU ALS SELBSTSTÄNDIGE DEINE PREISE GESTALTEN DARFST, GEHÖRT ES ABSOLUT DAZU, ÜBER GELD ZU REDEN UND DEIN VERHÄLTNIS ZU GELD ZU PRÜFEN.

Hand aufs Herz: Wie leicht fällt es dir denn, deinen Preis zu definieren? Wie viel Unsicherheit kommt nun auf? Fragst du dich: »Wie viel DARF ich verlangen? Was ist mein Kunde bereit zu bezahlen?«

Hast du ein physisches Produkt, wie zum Beispiel selbst genähte Babystrampler? Oder ein bekanntes Angebot, das es häufig auf dem Markt gibt, wie etwa Osteopathie-Stunden? Dann fällt es dir vielleicht etwas leichter, deinen Preis zu definieren. Denn die Recherche nach ähnlichen Produkten und deine Einschätzung der Qualität geben dir vermutlich eine grobe Richtlinie. Sobald es aber um Dienstleistungen geht, die AUCH NOCH mit deiner Person unvermeidbar verknüpft sind, kommt plötzlich ein weiteres Thema auf: dein eigener Wert. Nicht zu verwechseln mit deinem Selbstwert.

Kurzer Reminder: Dein Selbstwert ist immer zu 100 Prozent da und darf sich von der Leistung entkoppeln (siehe Kapitel *Vertrauensvorschuss in dein neues ICH*).

ICH DARF MIT EINEM 100-PROZENTIGEN SELBSTWERTGEFÜHL MEINE LEISTUNG EINSCHÄTZEN UND ES MIR WERT SEIN, MEINEN PREIS ZU VERLANGEN.

Klingt komplexer, als es ist. Nähern wir uns also der Preisgestaltung. Und da du wahrscheinlich Schritt-für-Schritt-Anleitungen genauso liebst wie ich, gibt es auch hier einen ganz konkreten Fahrplan:

STEP 1 – DER PREIS IST DAS ERSTE COMMITMENT

Was möchtest du zum Beispiel mit deiner Dienstleistung als Online-Unternehmerin erreichen? Vielleicht soll dein Kunde etwas von dir lernen. Du gibst ihm Hilfestellung zu etwas oder bietest ihm eine Abkürzung zu einem Thema. Egal, was es ist: Du brauchst auch von deinem Kunden ein klares JA zu deiner Arbeit. Eine Bereitschaft, das anzunehmen und umzusetzen, was du anbietest. Vertrauen in deine Arbeit, in die Art und Weise, WIE du deinen Job machst, und eine Entschlossenheit, diese Veränderung mit dir zusammen zu verwirklichen. Ich möchte es dir anhand eines Beispiels erläutern.

 Beispiel: Fitness-Abo oder Personal Trainer?
Sagen wir mal, du möchtest einen wohlgeformten, durchtrainierten Körper haben. Ausdauer, Gesundheit und Wohlempfinden sind das eine und auch die Optik soll stimmen. Ein hochgestecktes Ziel. Du weißt, es bedeutet Sport zu machen, die Muskeln zu formen und mit den richtigen Übungen an dein Ziel zu kommen. Vielleicht brauchst du auch einen Ernährungsplan. Wer weiß. Jetzt könntest du dir ein Fitness-Abo holen und einen Trainingsplan aus dem Internet runterladen, vielleicht das eine oder andere YouTube-Video dazu anschauen und alles umsetzen. Mit viel Durchhaltevermögen kommst du vielleicht an dein Ziel. Vorausgesetzt, du überwindest dei-

nen Schweinehund, der dich mit lautem Gebell von deiner Trainingseinheit abhält.

Was wäre, wenn du anstelle des Fitness-Abos einen Personal-Trainer an deiner Seite hättest, der ganz präzise und genau Übungen für dich definiert, dir Anleitung gibt und täglich vor deiner Tür steht, BEVOR dein Schweinehund das Maul öffnet? Wir sind uns beide einig: Du wirst dein Ziel erreichen. Und das vermutlich sogar schneller, leichter und gesünder.

Was kostet ein Fitness-Abo und was ein Personal-Trainer? Natürlich sind das zwei völlig andere Invests. Sagen wir mal, das Fitness-Abo kostet 49 Euro. Der Personal Trainer nimmt 4000 Euro. Im Voraus. Das heißt: Das Geld ist weg, bevor du auch nur eine einzige Schweißperle verdrückt hast. Was bringt dich aber bei dem Personal-Trainer so in Bewegung? Sind es die Übungen, das sympathische Anfeuern oder die Verbindlichkeit des Termins? Bestimmt spielt das alles mit rein. Was dich aber besonders in Bewegung bringt und deinen Schweinehund überwindet, ist natürlich das GELD, das du bezahlt hast. 4000 Euro! Ein ungewohnt hoher Betrag – im VORAUS. Kein monatlicher Betrag, der dir gar nicht auffällt und heimlich still und leise abgebucht wird. Nein – EIN Betrag, der geradezu nach COMMITMENT schreit! Verwirklichst du dein Ziel nämlich NICHT, hast du ne ganz schön fette Stange Geld in den Sand gesetzt. Holla, die Waldfee – DAS willst du sicher nicht! Also, Hintern hoch und trainieren! Das Investment dient hier als Pfand, dein Ziel auch WIRKLICH umzusetzen.

Das Fitness-Abo tut dir nicht wirklich weh. Das wird abgebucht und das Gewissen ist beruhigt: »Machst du Sport?« – »Ja, ich hab ein Fitness-Abo. Und vorletzten Monat war ich auch mal da.«

Ist klar.

Wenn du aber einen Personal-Trainer hast, da wirst du aber so was von strammstehen und brav deinen Übungen machen, oder?

Man verändert sich immer auf Basis der knappsten Ressource. Das ist für die meisten Menschen am Anfang Geld. Nicht-Reiche versuchen, Geld zu sparen. Reiche wissen, dass und wie sie immer wieder Geld beschaffen können. Also versuchen sie, Zeit zu sparen. Denn Zeit ist das Einzige, was du nicht zurückholen kannst.

Geld motiviert also. So verrückt das klingt: Wenn ich etwas wirklich, WIRKLICH will, und bereit bin, dafür auch (mehr) Geld auszugeben, werde ich es auch eher erreichen. Das heißt:

DER PREIS DIENT IN ERSTER LINIE DEM KUNDEN. DAMIT ER SEIN ZIEL ERREICHT.

Wenn der Kunde sein Ziel über eine Invest-Motivation eher erreicht, was glaubst du, wer am Ende ebenfalls etwas davon hat? Natürlich hat zuerst dein Konto etwas davon. Das meine ich aber gar nicht. Die Qualität deiner Arbeit zeigt sich auch am Ergebnis, das deine Kunden haben. Erreichen sie also ihre Ziele, hast du wiederum sichergestellt, dass du mit einem zufriedenen Kunden weitere Kunden gewinnen kannst: WIN-WIN.

STEP 2 – STUNDENSATZ ADIEU

Bei vielen Dienstleistungen wird in Stundensätzen gerechnet. Der Automechaniker, der Heilpraktiker oder der Handwerker.

Beispiel: Rücken-Guru

Nun stell dir vor, du hast schon länger Rückenschmerzen. Nimmst Schmerzmittel und gehst von Arzt zu Physiotherapie und zurück. Viel besser wird es nicht. Der Osteopath sorgt für leichte Besserung. Aber so richtig gut wird es leider auch nicht. Du nimmst Geld in die Hand und versuchst, auf allen Ebenen Linderung zu kommen. Aufgrund einer Empfehlung gehst du völlig verzweifelt zu diesem einen Typen. Wie auch immer er sich bezeichnet, er soll ein Zauberer sein, was Rückenschmerzen angeht. Verschiedenste Ausbildungen, Erfahrungen und Wissen bringt er mit. Genaues weißt du aber nicht. Was soll's! Du greifst nach jedem Strohhalm. Nach fünf Minuten Behandlung ist der Schmerz weg. Völlig baff stehst du da. Zaubern kann er. Wie auch immer er das gemacht hat: Du bist schmerzfrei. Heute. Morgen. Dauerhaft.

Was würdest du sagen, sind die fünf Minuten Behandlung wert?

- Den Stundensatz des Osteopathen? Oder zwei?
- Die Arztstunden und der Stundensatz des Osteopathen zusammengerechnet?
- Die fünf Minuten exakt ausgerechnet?

Schwierig zu definieren. Klar. Die Behandlung ist unbezahlbar. Das ist sicher. Was bezahlst du also? Sicher nicht die fünf Minuten. Du bezahlst die Expertise, die Erfahrung und das Wissen, das ihn dazu befähigt, genau zu erkennen, was dein Körper jetzt braucht, um den Schmerz loszuwerden.

Was also könnte der Rücken-Guru nun nehmen?

Das, was er selbst als den WERT seiner Expertise empfindet. Nicht weniger. Was verkauft er also? Schmerzfreiheit. Eine Lösung. Keinen Stundensatz.

Und GENAU das machst du auch:

VERKAUFE EINE LÖSUNG UND SCHNÜRE DAFÜR EIN GESAMTPAKET. RECHNE NIEMALS IN STUNDENSÄTZEN AB.

STEP 3 – IST DAS COMMITMENT ÜBER DEN PREIS HERGESTELLT, IST DIE HÖHE DEHNBAR

Nehmen wir mal ein konkretes Beispiel aus einer Online-Dienstleistung, um das näher zu erläutern. Sagen wir mal, die Komfortzone deines Kunden springt bei 2000 Euro an. Deine Dienstleistung verkaufst du als Gesamtpaket über mehrere Wochen. Stundensätze haben wir ja nicht mehr, stimmt's? Alles unter 2000 Euro würde er sofort investieren. Alles darüber bringt das nötige Commitment für tatsächliche Veränderung mit sich. Ab dieser Schwelle ist es tatsächlich für deinen Kunden egal, ob er 2000 Euro oder 2500 Euro oder 4000 Euro investiert. So verrückt sich das anhört: Sobald der Preis außerhalb der Komfortzone ist, werden die Zahlen abstrakt hoch und die Reaktion deines Interessenten ist bis zu einer bestimmten weiteren Schwelle meistens ähnlich. Schnappatmung und Aufregung. Jetzt geht es darum, deinem Interessenten – gut geführt – aus dieser Komfortzone in die Wachstumszone zu helfen. Das lernst du im Kapitel *Kundengewinnung statt verkaufen.* Wovon ist es aber abhängig, ob du die 2000 Euro oder die 4000 Euro als Preis wählst? Definitiv nicht vom Kunden – das ist dir vermutlich nun klar.

TATSÄCHLICH HÄNGT ES VON DEINEM GELD-MINDSET AB, WOMIT DU DICH WOHLER FÜHLST UND WAS DU SELBST ALS WERT FÜR DEINE DIENSTLEISTUNG BETRACHTEST.

Das wiederum hast ja großartigerweise DU in der Hand und kannst dich im nächsten Kapitel damit auseinandersetzen. Happy Money-Mindset – ich komme!

STEP 4 – CHAINE DEINEN PREIS IN DEINEM TEMPO ZU DEINER ZIELVORSTELLUNG

Chaining ist eine Methode aus der Lerntheorie.[20] Dabei wird eine komplexe Verhaltensweise in Teilschritte unterteilt, um einfacher und weniger überfordernd das Ziel zu erreichen. Chaining bedeutet »Verkettung« und wir übertragen es auf deine Preisgestaltung. Wie das geht? Indem wir deinen Preis sozusagen portionsweise steigern.

Du hast eine Zielvorstellung, die dir dem Atem raubt? Völlig unvorstellbar, JETZT schon solch einen Preis zu verlangen? Das sollst du auch gar nicht. Unterteile deinen Preis in Teilabschnitte. Mit welchem Preis fühlen sich dein Selbstbewusstsein und dein Geld-Mindset aktuell wohl? Welcher Preis geht dir leicht über die Lippen und fühlt sich echt günstig für deine Dienstleistung an? Damit startest du.

Hast du diesen Preis mehrfach verkauft, nimmst du den nächsten Teilabschnitt und verlangst mehr. Bist du auch hier sicher geworden und kaufen deine Kunden voller Bereitschaft deine Dienstleistung, nimmst du den nächsten Abschnitt.

MIT PREIS-CHAINING SCHRAUBST DU DICH SCHRITTCHEN FÜR SCHRITTCHEN HÖHER, BIS DU BEI DEINER ZIELVORSTELLUNG BIST.

Du, dein Selbstbewusstsein und dein Geld-Mindset können so leichter wachsen und du entwickelst dich auf dein Ziel zu!

6
GELD-MINDSET

*U*nd dann kam da dieser Anruf. Ich saß grade mitten in der Theaterkantine und versuchte, die letzte Spaghetti-Nudel auf die Gabel zu bekommen, während mir meine Assistentin noch die Anprobentermine mit den Schauspielern durchgab, als mein Handy klingelte. Es war eine meiner ersten Produktionen an einem Staatstheater und ich verdiente unverschämt wenig für unfassbar viel Arbeit. »Ruben hier. Du, Simone. Du hast da so einen Brief bekommen.« Mein damaliger Mitbewohner in Berlin wusste, dass ich sehnlichst auf den Brief wartete. Ich bat ihn, den Brief zu öffnen und musste vor lauter Aufregung und noch halb kauend sofort auf und ab laufen durch ein paar grölende Schauspieler durch und eine Horde halbnackter Ballettmäuschen in seeehr engen Kostümen. »Wir freuen uns, Ihnen mitteilen zu dürfen, dass Sie das Stipendium des Landes Baden-Württemberg für den Bereich der Darstellenden Kunst in Höhe von 10.000 Euro erhalten haben.«

Mehr hörte ich nicht mehr. Mir wurde schwindlig. Ich stand da – mit offenem Mund und traute meinen Ohren nicht (keine Ahnung, ob die Spaghetti-Nudel nun endlich runtergeschluckt war. Ich hoffe es). »Lies bitte noch mal.« Ich musste mich setzen. ZEHNTAUSEND EURO. Einfach so geschenkt. Weil DIE meine Arbeit cool finden.

Ich kam nicht klar. ICH meine WIE VIEL KOHLE ist das bitteschön!! Für mich war das GIGANTISCH. Mein Denkrahmen, was für mich VIEL Geld bedeutete, war mit dieser Summe raketenmäßig überschritten. Ich brauchte mehrere Tage, um wirklich zu schnallen, dass ICH dieses Geld bekomme.

Gar nicht so viele Jahre später waren 10.000 Euro, dann eher salopp 10k genannt, eine völlig selbstverständliche Einnahme in einer Woche. Mein Geld-Mindset hatte sich radikal verändert.

Kurz zu den Begrifflichkeiten: MINDSET bedeutet nichts anderes als Denkweise oder Denkrahmen. Mir persönlich gefällt Denkrahmen etwas besser, weil es gleich zeigt, dass das Denken eine Begrenzung hat: den selbst gesteckten Rahmen. Ähnlich zur »eigenen Brille«, von der zu Beginn des Buches die Rede war. Dabei beinhaltet allein das Wort, dass es noch etwas AUSSERHALB des Rahmens gibt und unterschiedliche Rahmengrößen existieren. Meine Rahmengröße war zu Theaterzeiten noch seeehr klein, weshalb ich auch so extrem auf diese Summe reagierte. Heute wären 10k am Tag schon eher wenig Umsatz. Verrückt, oder?

WIR ERKENNEN GLEICH SCHON MAL AN, DASS ES SUBJEKTIVE WAHRNEHMUNGEN GIBT UND JEDER MENSCH EINEN EIGENEN DENKRAHMEN BESITZT.

So weit – so gut. Der Begriff GELD wiederum ist erst mal völlig neutral. Ein Gegenstand, ein Tauschmittel, das von uns Menschen eine Bewertung bekommen hat. Positiv wie negativ.

Wenn ich das nun zusammensetze, dann heißt Geld-Mindset nichts anderes, als der Rahmen, in dem ich in Bezug auf Geld denke. Meine Art und Weise über Geld zu denken. Das bedeutet: Jeder hat ein anderes Mindset. Und: Es ist veränderbar!

Überhaupt zuzulassen, was ich über Geld denke, war für mich schon ein gewaltiger Schritt. Denn, wie schon erwähnt, sprach MAN in meiner damaligen Welt über Geld ja nicht. Aber denken? Geht das vielleicht?

Ziemlich spannend war, was herauskam, als ich meinen DENK-IST-ZUSTAND mal angeschaut habe:

- *Geld ist ein nötiges Übel.*
- *Viel Geld verdienen wollen, das ist gierig und egoistisch.*
- *Geld macht die Menschen schlechter.*
- *Ich kann nicht mit Geld umgehen.*
- *Wer das Geld hat, hat die Macht.*
- *Wer viel Geld hat, muss auch viel arbeiten.*
- *Zeit ODER Geld.*
- *Geben ist seliger denn nehmen.*
- *Geld verdirbt den Charakter.*
- *Geld ist nicht wichtig.*
- *Ich brauche nicht viel Geld. Hauptsache, ich bin glücklich.*
- *Geld stinkt.*
- *Geld macht auch nicht glücklich.*
- *Viel Geld haben ist gefährlich.*
- *Über Geld spricht man nicht.*
- *Die besten Dinge im Leben sind umsonst.*
- *Wie gewonnen, so zerronnen.*

Lauter Glaubenssätze, Binsenweisheiten und Sprichwörter. Da kam aber so einiges hoch!!!

Dass also mein Denken, was Geld angeht, auch Einfluss auf meinen Umgang mit Geld und somit auch auf meinen tatsächlichen Kontostand hat, möchte ich noch mal deutlich machen durch ein Phänomen aus der Kognitionspsychologie. Der sogenannte CONFIRMATION BIAS.[21] Übersetzt heißt das so viel wie Bestätigungsfehler oder Bestätigungsverzerrung. Der Begriff bezeichnet eine Art unbewussten Trugschluss: Wir wollen das, was wir sowieso schon glauben, bestätigt wissen – ungeachtet der Tatsache, ob es TATSÄCHLICH so ist. Einfacher gesagt:

WIR MENSCHEN NEIGEN DAZU, INFORMATIONEN SO ZU INTERPRETIEREN, DASS DIESE DIE EIGENEN ERWARTUNGEN BEKRÄFTIGEN.

Das heißt: Ich suche mir die Bestätigung für meine persönliche Wahrheit in meiner Umgebung, indem ich meinen Fokus ausschließlich auf Beispiele lenke, die diese Einstellung bestätigen. Eine Art Selffulfilling Prophecy.[22] Was im Übrigen ein völlig »normales« menschliches Verhalten ist. Schließlich wollen wir unsere Werte und unsere subjektive »Wahrheit« bestätigt wissen. In vielerlei Hinsicht kann das sehr hilfreich sein, aber es lohnt sich das bei dem einen oder anderen Thema zu hinterfragen. Vor allem, wenn wir EIGENLICH andere Ergebnisse haben wollen.

Und wenn du mehr Geld auf dem Konto haben willst, dann lohnt es sich definitiv, dein Geld-Mindset zu hinterfragen.

Übertragen wir das also auf unsere Geld-Beziehung, dann bedeutet das einfach gesagt, dass wir weniger Geld haben, wenn es »eine Gefahr« bedeutet, gut bei Kasse zu sein. Da wir ja Bestätigung für unsere Glaubenssätze suchen und dementsprechend so denken und handeln (zum Beispiel mehr Geld ausgeben, als wir einnehmen). Verändern wir also nicht ZUERST unser Denken hierzu, werden wir auch keine anderen Erfahrungen machen (spricht andere Kontostände erreichen).

**DURCH UNSERE HALTUNG GEPRÄGT,
VERHALTEN WIR UNS GENAUSO,
DASS SICH DIE DINGE MIT HÖHERER
WAHRSCHEINLICHKEIT SO GESTALTEN,
WIE WIR ES ANNEHMEN – GANZ
EGAL, OB POSITIV ODER NEGATIV.**

Verrückt, oder? Und eigentlich so logisch! Wer Geld gegenüber also eher negativ eingestellt ist, weil er es mit dem Glaubenssatz verbindet, es würde zum Beispiel den Charakter verderben, wird es sabotieren, viel davon zu erhalten. Weil, verdorbener Charakter – klar, willst du den nicht! Es beginnt also tatsächlich WIEDER im Kopf und im Unterbewusstsein.

Alle Antennen ausfahren! JETZT schauen wir uns nämlich genau das an: deine Geld-Beziehung. Fangen wir also mit deinen Glaubenssätzen an, die du vielleicht von zu Hause oder sogar über Generationen übertragen bekommen hast. Was fällt dir zum Thema Geld ein? Wie wurde dir Geldverdienen oder der Umgang mit Geld vorgelebt? Wie fühlt sich Geldhaben, Geldverdienen oder Geldausgeben an?

ÜBUNG 1: AKTUELLES GELD-MINDSET

Erstelle eine Liste mit den Sätzen, die dir im Zusammenhang mit Geld einfallen.

Hast du diese Liste vor Augen? Dann erweitern wir sie mit einer Reflexionsübung. Dabei geht es um die klassische Satzvervollständigung, mit der du intuitiv, also ohne langes Nachdenken, die folgenden Sätze vervollständigst:

- Geld ist ...
- Ohne Geld ...
- Mit viel Geld ...
- Wer wenig Geld hat, ist ...
- Wer viel Geld hat, ist ...
- Geld zu verdienen, bedeutet ...
- Reiche Menschen sind ...
- Arme Menschen sind ...
- Mein Gehalt ist ...
- Ich verdiene ...

Damit hast du nun eine schöne Liste mit Glaubenssätzen, die dein aktuelles Geld-Mindset beschreiben. Dann lass uns genau diese Sätze unter die Lupe nehmen und überprüfen, ob du diese Wahrheiten weiter glauben möchtest oder ob du deine Einstellung dazu verändern willst.

Möchtest du die Sätze verändern, dann drehst du sie ins positive Gegenteil. Wie das geht, hast du bereits im Kapitel *Der heimliche Chef in dir: dein Unterbewusstsein* gelernt.

Du wirst überrascht sein, wie seltsam sich der eine oder andere neue, positive Glaubenssatz anfühlt, wenn du ihn laut sagst, und was er alles bewirkt, wenn du ihn nach und nach in dein Unterbewusstsein einspeist.

Eine weitere sehr hilfreiche Übung ist, dir mal deine Beziehung zu Geld »wortwörtlich« anzuschauen. Vielleicht ist das im ersten Atemzug befremdlich. Doch wenn du dich damit beschäftigst, wirst du einiges darüber herausfinden, warum du so oder so über Geld denkst und in welchem Zusammenhang das vielleicht mit deinen bisherigen Einnahmen steht.

- Wäre Geld eine Person, in welchem Verhältnis würdest du zu ihr oder zu ihm stehen?
- Wie würdest du die Beziehung beschreiben?
- Magst du diese Person oder eher nicht?
- Wie gut kennst du diese Person? Lädst du sie gerne zu dir ein? Ist sie dir fremd oder vertraut?
- Meint sie es gut mit dir? Ignoriert sie dich oder schaut sie auf dich herab?

Vermutlich bist du genauso verblüfft wie ich, als ich diese Übung zum ersten Mal gemacht habe. Vielleicht denkst du wie ich: Was für ein seltsamer Blödsinn Geld als Person wahrzunehmen! Bewertungen ohne Ende. Zudem war ich total erstaunt, wie WENIG ausgeprägt meine Beziehung zu Geld war. Wie sehr ich versucht hatte, zu vermeiden, mich damit auseinanderzusetzen.

ICH HATTE NICHT MAL EINE SCHLECHTE BEZIEHUNG ZU GELD – ICH HATTE GAR KEINE.

Diese Bestandsaufnahme kann dir Hilfestellung geben, um zu hinterfragen, ob du das genau so weitermachen möchtest oder wie du ab sofort deine Beziehung zu Geld NEU definieren magst.

Stell dir vor, du hättest eine Liebesbeziehung zu Geld: Wie möchtest du diese gestalten? Wie würdest du sie im Idealfall beschreiben? Und dann darfst du genau das machen. Schreibe deinen ersten Liebesbrief ans Geld. Ich weiß, das klingt absurd, aber lass dich mal drauf ein. Es ist sehr heilsam:

»Liebes Geld, ich habe dich ganz schön lange ignoriert und als notwendiges Übel gesehen. Das tut mir leid, denn ich weiß, wie hilfreich du doch bist und wie angenehm es ist, wenn du in meinem Leben bist ...«

Ganz viel Segen für deinen Geldregen findest du unter www.kidsundkroetenbuch.de.

Dich erwarten positive Glaubenssätze zum Thema Geld, eine Vorlage für deinen »Geld-Liebesbrief« und die Fragen aus Übung 1 und 2 noch einmal für dich zum Ausdrucken.

7

KUNDENGEWINNUNG
STATT VERKAUFEN

*D*as für mich unangenehmste Kapitel in meiner Selbstständigkeit – direkt nach Sichtbarkeit und Geld – war das Thema »Verkaufen«. Dabei ist es ein wichtiges Kapitel für jeden Selbstständigen, denn ohne Kunden kein Business. Ist klar. Auch hier gibt es Glaubenssätze ohne Ende und wir werden so einige davon unter die Lupe nehmen und drehen.

Vorher möchte ich dir aber noch einen kleinen Einblick geben, wie das in meiner Bühnen-und Kostümbildnerkarriere lief. Denn hier habe ich jeden einzelnen Auftrag neu verhandelt. Auch beim Verhandeln muss man sich gut verkaufen. Also eine vergleichbare Situation. Im Regelfall kam, nachdem klar war, dass ich den Auftrag bekomme, irgendwann ein Anruf. Nein, keine Terminvereinbarung. Einfach ein Anruf. Ich kann mich noch gut an einen solchen Anruf zu Beginn meiner Laufbahn erinnern: Ich stand mitten im Baumarkt – zwischen Blumentöpfen und Rankgittern. Etwas überrumpelt und unsicher habe ich mich nicht getraut, zu sagen, dass es jetzt gerade NICHT gut passt für eine Verhandlung. Denn ich war ja so dankbar über die Möglichkeit dieses Auftrags. So dankbar, dass ich mit meiner größten Leidenschaft Geld verdienen darf. Dass MICH ein Theater möchte. Also stand ich da und sagte einfach *JA* zum ersten

Angebot. Es gibt ja eh kaum Verhandlungsspielraum. Die Konkurrenz ist groß. Wenn ich zu teuer bin, fliege ich vom Markt und werde ersetzt! *so* mein Kopf. Friss oder stirb! So empfand ich das. Ich fraß. Voller Dankbarkeit, dass ich den Auftrag hatte, und mit einem mulmigen Gefühl, wie ich damit auf ein Jahresgehalt kommen sollte, mit dem ich die Miete zahlen konnte. Diese Telefonate waren unangenehm. Und ich verkaufte mich völlig unter Wert. Oder besser: Ich ließ mir verkaufen, dass es nur so wenig Geld gebe. So leid es ihm tue. Und ich glaubte es. Weil ich es nicht besser wusste – und mir meines Werts noch gar nicht bewusst war.

Ein paar Jahre später – und etliche Verhandlungstelefonate mehr in meinem Erfahrungsschatz – wurde ich sicherer und erlebte immer wieder Situationen, in denen ich den Spieß umdrehen konnte. In denen ich bewusst auch mal Stille länger aushielt und damit mein Gegenüber ins Reden brachte. Ich machte mir bewusst, was ich konnte und wie wichtig ich im Zusammenspiel mit meinem Regisseur für die Produktion war. Erstaunlich, WIE VIEL mehr ich doch oft erzielen konnte. Von wegen: kein Verhandlungsspielraum. Es begann mir schon fast Spaß zu machen, diese Gespräche zu führen und vor allem VIEL dabei zu »erschweigen«.

Ich lernte also mühsam, Stück für Stück, in Verhandlungsgesprächen die Macht zu behalten.

DIESE JAHRELANGE ENTWICKLUNG HAT MICH ALLERDINGS VIEL GELD GEKOSTET. GELD, DAS ICH MIR DURCH DIE LAPPEN GEHEN LIESS, WEIL ICH ES LANGE NICHT BESSER KONNTE.

»Verkaufen« hatte für mich schon seit eh und je einen faden Beigeschmack. Die Verhandlungssituationen im Theater machten es nicht besser. Immer, wenn es ums Geld ging, wurde es unangenehm. »Beim Geld hört der Spaß auf!« So war es auch. Am liebsten war es mir, nicht darüber zu sprechen und es einfach auf dem Konto zu sehen. Es abheben und nutzen zu können. Wenn ich ans Verkaufen dachte, poppten bei mir Bilder von Callcenter-Mitarbeiter auf, die mir etwas aufschwatzen wollten, was ich nicht brauchte. Oder die Anrufe von irgendwelchen Versicherungen, die netterweise mal für mich durchrechnen wollten, ob ich nicht bei ihnen mit ihrem grandiosen Angebot günstiger wegkomme. Hinterlistig und immer den eigenen Vorteil im Blick.

Erfahrungen mit dem einen oder anderen Berliner Autoverkäufer machten das Bild nicht besser. Was ich da schon alles gesehen habe, ist an Dreistigkeit nicht zu überbieten.

 Beispiel: Verkauf mit Lose-Lose-Ergebnis

Ein anderes Erlebnis war der Kauf zweier Matratzen von einem grandiosen Verkäufer (alias Aufschwätzer – ohne dass wir es gemerkt haben). Wir wollten eine zwei Meter breite Matratze kaufen. Diese gab es nicht im Sortiment. Schließlich gingen wir mit zwei Einzelmatratzen heim. Ein unglaublich gewandter, freundlicher Verkäufer konnte uns argumentativ so überzeugen, dass wir ihm am Ende glaubten und voller Begeisterung für die neu gewonnene Erkenntnis, dass auch für uns zwei Matratzen viel besser sind als eine, nach Hause fuhren. Doch ein bis zwei Wochen später spürten wir an der nervigen Ritze zwischen uns physisch, WARUM wir eigentlich nur eine Matratze wollten. Die Wahrnehmung von dem ach so freundlichen Verkäufer wandelte sich in Ärger. Ich sagte zu Tim: »Der war halt ein guter Verkäufer – muss man ihm lassen! Da geh ich aber kein zweites Mal hin!«

Und damit war spätestens klar, was in meinem Kopf »ein Verkäufer« ist. Mein Bild eines Verkäufers war aufdringlich, ungefragt und unangenehm. Manchmal sogar unseriös. So wollte ich nun wirklich nicht sein.

Wie kann ich also verkaufen ohne »zu verkaufen«?

Tatsächlich hatte ich dem armen Wort »verkaufen« eine sehr negative Bedeutung gegeben. Und damit bin ich sicher nicht alleine. Das Bild, das mir häufig begegnet, ist »über den Tisch ziehen« und »aufschwatzen«. Dabei bemerke ich gar nicht, wie oft mir etwas total gut verkauft wird und ich es begeistert erzähle.

 Beispiel: Verkauf mit Win-Win-Ergebnis
Erst kürzlich erlebten wir wieder einen ganz anderen Autoverkäufer (Ja, es gibt sie auch, die anderen!).

Was machte den Unterschied? Der Bedarf stimmte. Wir hatten vorab schon großes Interesse. Eigentlich ging es nur darum, sich die Sicherheit zu holen, dass unsere Entscheidung richtig ist. Der Verkäufer nahm sich Zeit und war total ehrlich. Er redete nichts schön, war nahbar, glaubwürdig und grundsympathisch. Er war begeistert und vollständig überzeugt von der Qualität. Er machte dabei nicht im Geringsten den Anschein, dass er das Auto unbedingt an uns loswerden muss. Kein Druck. Das Auto geht eh weg. Ob an uns oder an andere. Er war die Ruhe in Person. Professionell und zugewandt. Überzeugt von dem Produkt – ohne den Drang, es uns verkaufen zu müssen. Er hatte UNSER Wohl im Blick und nicht seine Verkaufsquote. Er gab uns seine volle Aufmerksamkeit und hätte sich auch bei keinem Kaufabschluss sicher total freundlich verabschiedet.

Du merkst den Unterschied? Der Verkäufer hatte eine komplett andere Haltung. Er wollte das Auto nicht auf Biegen und Brechen loswerden. Er wollte, dass wir wirklich von uns aus kaufen WOLLEN, und gab uns alles an Sicherheit, was wir benötigten, um diese Entscheidung frei zu treffen.

Mir ist es zum Beispiel ein echtes Bedürfnis, Mamas zu helfen, die sich – ohne Zeit gegen Geld zu tauschen – selbstständig machen wollen. Weil ich IHREN Erfolg sehen möchte. Weil ich IHRE Familiensituation verändern will. Weil ich die Zerrissenheit so sehr kenne und einfach jeder Mama dabei helfen möchte, die genau in dieser Zwickmühle steckt und dort raus will. Das heißt, das erste WIN ist bei meinem Kunden und erst danach kommt das zweite WIN: mein Kontostand.

UND: Natürlich darf der dann auch kommen – der Kontostand. Es geht auch hier nicht darum, dass wir unserem Helfersyndrom den vollen Lauf lassen und einfach jeden unterstützen, ob wir bezahlt werden oder nicht. Aber das ist ein ganz eigenes, ebenfalls sehr wichtiges Thema. Denn willst du allen helfen, hilfst du keinem richtig. Erinnere dich an das Kapitel *Der Preis ist heiß*.

ES GEHT UM WIN-WIN. UND DAS ERSTE WIN LIEGT BEIM KUNDEN. IMMER.

Um das negative Gefühl im Hinblick auf das Verkaufen noch weiter zu drehen, möchte ich dir bewusst machen, wie viel wir eigentlich ständig verkaufen, OHNE dass wir es so nennen.

☞ **Beispiel: Verkaufen ohne »zu verkaufen«**
Neulich habe ich ein Rezept für eine unfassbar leckere Soße von einer Freundin zugeschickt bekommen. Ich hatte diese Soße noch nie probiert. Dennoch wusste ich allein wegen ihrer eigenen Begeisterung, ihres Schwärmens, ihrer Beschrei-

bung des Geschmacks, der leichten Zubereitung, der gesunden Zutaten und ihrer Anmerkung, bei wie vielen Leuten die Soße schon als Lieblingsrezept abgespeichert ist: DAS REZEPT BRAUCHE ICH! Sie hat es mir grandios verkauft. Ohne es zu merken. Und mich mit Leichtigkeit überzeugt. Einfache, leckere, gesunde, familienkompatible Rezepte – klar, immer her damit!

Wenn du mal aufmerksam durch deinen Alltag gehst, fällt dir sicher auf wie oft du am Verkaufen bist. NUR deklarierst du es nicht so.

Mit welchem Wort würdest du dich wohler fühlen: Begeistert überzeugen? Andere für dich (oder dein Produkt) gewinnen? Helfen? Such es dir aus. Sei dir aber bewusst: Es ist NUR das Wort! Die Bedeutung bleibt gleich. Also lass uns doch genau das umsetzen: das sympathische, gewinnende Verkaufen. Oder ich persönlich liebe den Ausdruck noch mehr: KUNDEN GEWINNEN.

 Zusammenfassung: Kunden gewinnen

- Erfolgreiches Verkaufen ist eine WIN-WIN-Situation. Und das erste WIN muss beim Kunden liegen.
- Der Bedarf muss stimmen. Wir verkaufen absolut niemandem etwas, der den Bedarf nicht wirklich hat.
- Wir verkaufen ständig, wenn wir begeistert von etwas sind. Wecke deine Begeisterung!
- Ehrlichkeit siegt.

So weit – so gut. Wie können wir nun negative Verkaufsglaubenssätze ein für alle Mal aushebeln? Ich möchte hier einige der prägnantesten Glaubenssätze in eine andere Perspektive rücken. Halt dich fest – es sind fiese dabei!

»WO VERKAUFT WIRD, WIRD GELOGEN.«

Puh. Was für ein Mensch muss dieser Verkäufer wohl sein, der völlig selbstverständlich hardcore manipuliert, um etwas zu erreichen? Was für ein Bild zeichnet dein Kopf von dieser Person, wenn du diesen Glaubenssatz tatsächlich für wahr hältst? Vielleicht ist auch nur eine etwas abgeschwächte Variante davon bei dir aktiv – zum Beispiel, dass ein Verkäufer per se unseriös ist und er nur an dein Geld will? Was auch immer sich bei dir im Detail dahinter verbirgt: Überprüfe mal dein Bild, das du von einem Verkäufer hast. Welche Erfahrungen hast du selbst dazu gemacht und was haben sich in dir für »Wahrheiten« dazu gebildet?

Denn dass du so nicht sein willst, das weißt du natürlich. Wer das aber noch nicht WIRKLICH weiß, ist dein Unterbewusstsein. Das funktioniert ja nicht rational, sondern emotional und hat all diese Gefühle und Informationen von damals abgespeichert. Sonst wäre dieses Bild des unsympathischen Verkäufers nicht in dir. Sonst hättest du diesen Glaubenssatz nicht.

Und dein Unterbewusstsein sorgt auf Biegen und Brechen dafür, dass du nicht so wirst wie dieser unsympathische Typ. DAS wäre ja eine große Gefahr. Schutzmechanismus aktiviert!

ÜBUNG: WIE BEKOMMST DU DAS GEDREHT?

Schreib dir mal auf, welche Adjektive dir zu einem Verkäufer einfallen: Wie ist er oder sie so? Wie gibt er oder sie sich? Wie würdest du ihn oder sie beschreiben?

Und dann: Schreib dir mal auf, mit welchen Adjektiven du gerne als Verkäuferin beschrieben werden möchtest: Wie willst du wahrgenommen werden? Welche Werte sind dir wichtig?

Und dann: Arbeite mit diesen positiven Beschreibungen, indem du dir sagst oder aufschreibst oder anhörst: *Als Verkäufer bin ich …*

Und zwar so lange, bis du es dir glaubst.

»GELD ZU VERDIENEN MUSS HART SEIN. MIT DEM, WAS SPASS MACHT, KANN MAN KEIN GELD VERDIENEN.«

Nur die Harten kommen in Garten. Klar. Erfolg ist hart und viel Arbeit. Und was, wenn es denn nicht so wäre? Nehmen wir mal an, Geld zu verdienen wäre einfach. Erfolg wäre leicht. Schwingt nicht sofort wieder die Unseriösität mit? Das kann doch dann nicht mit rechten Dingen zugehen. Oder Glück. Oder Zufall. Der berühmte Lottogewinn wäre leicht verdientes Geld.

Allein in dem Wort »verdienen« steckt schon der Leistungsgedanke drin. Ich muss sehr viel TUN, um etwas zu bekommen. Und wenn ich nicht viel dafür TUE, dann darf ich es auch nicht haben. Autsch!

Wo hast du das Gefühl, dass, wenn du nicht besonders viel leistest du es auch nicht wert bist, viel Geld dafür zu bekommen? Wo denkst du, dass Geld verdienen hart und anstrengend sein muss?

»DAS PRODUKT ODER DIE DIENSTLEISTUNG MUSS VON GANZ ALLEIN ÜBERZEUGEN.«

Wir gehen auf jeden Fall davon aus, dass dein Produkt oder deine Dienstleistung irrsinnig gut ist. Das setze ich jetzt voraus.

☞ **Beispiel: Nicht-Verkäufer**

Stell dir also vor, du gehst in ein Fahrradgeschäft, weil du gerne ein neues Rad hättest. Du weißt schon, dass es ein Mountainbike sein soll, dass du gerne 7 oder 14 Gänge hättest und dass es grün sein soll. Jetzt stehst du in diesem Laden und – machen wir es uns ein bisschen einfacher – es gibt tatsächlich nur EIN grünes Mountainbike. Gerade als Topseller deklariert und auch noch zu einem fairen Preis. Wundervoll. Der Herr hinter der Theke rührt sich nicht. Du möchtest natürlich gerne etwas mehr über das Rad wissen: Aus welchem Material ist es? Wie schwer ist es? Welche Bremsen hat es? Womöglich möchtest du auch mal Probe fahren. Der gute Mann steht aber nur da und lässt dich warten: »Ähm. Entschuldigung, könnten Sie mir etwas zu dem Rad erzählen, ich hätte Interesse.« Der Verkäufer antwortet nur, »das Rad wird Sie ganz von selbst überzeugen. Schauen Sie es sich nur in Ruhe an.«

Kaufst du es einfach? Oder wünschst du dir schon ein bisschen mehr Hilfestellung, um wirklich sicher zu sein, dass es auch genau das Richtige für dich ist? Weil du es gar nicht selbst entscheiden kannst! Du bist ja als Käufer gar nicht der Experte für das Produkt. Der Radverkäufer ist derjenige, der die Fachkenntnis hat. Er kann anhand deiner Größe den passenden Rahmen aussuchen und dir genau auf dein Fahrverhalten abgestimmte Empfehlungen für Bremsen, Reifen und die Anzahl der Gänge geben.

Du selbst stehst in dem Laden überfordert da – selbst wenn es nur ein Produkt gibt, das passen könnte. Es ist die Aufgabe des Verkäufers, dir bei der Entscheidung zu helfen.

Ist klar oder? Es geht natürlich darum, dass du als Experte dein Produkt oder deine Dienstleistung kennst. Wo kannst DU also deinem Interessenten Hilfestellung geben, eine Entscheidung zu treffen? Wie kannst DU unterstützend dazu beitragen, dass der Interessent sich sicher bei dir fühlt?

Wenn jemand – vorausgesetzt, der Bedarf stimmt – nicht kauft ...

- ... vertraut er entweder dir als Person nicht,
- ... ist von deinem Produkt oder deiner Dienstleistung nicht überzeugt ...
- ... oder vertraut sich selbst nicht, dass er mit dir als Anbieter und deinem Angebot seine Ziele erreicht beziehungsweise sein Problem löst.

Wenn du diese drei Punkte als Verkäufer in deiner Kommunikation gut beachtest, fällt es deinem Interessenten sehr viel leichter, eine Kaufentscheidung zu treffen.

»DER INTERESSENT IST NICHT BEREIT, MEINEN PREIS ZU ZAHLEN.«

Das kann natürlich sein. Gibt es. Ist nach meiner Erfahrung sehr häufig allerdings eher ein Glaubenssatz im Kopf des unsicheren Verkäufers.

Gehen wir mal davon aus, dass der Bedarf stimmt. Sprich: Dein Interessent hat sich bei dir gemeldet, weil du für ihn die Lösung hast. Warum also sprichst du ihm ab, Geld in sich und seine Problemlösung zu investieren? Welche Vorannahmen triffst du selbst? Wo machst du dich kleiner? Natürlich meldet er sich bei dir, weil er etwas kaufen möchte.

Überprüfe deine Kommunikation: Wo könntest du noch viel klarer den Bedarf abgleichen, damit sich auch wirklich genau der richtige Interessent meldet? Passt das, was du als Lösung anbietest, zu dem Problem deines Kunden?

Wo könntest du noch mehr Sicherheit geben, dass du die Richtige für deinen Interessenten bist? Und damit meine ich nicht, dass du mit ganz vielen Argumenten, Zertifikaten oder Qualifikationen winkst. Vielmehr geht es darum, dass du im Kern verstehst, was das tatsächliche Bedürfnis deines Interessenten ist.

VERSTEHE DIE KAUFMOTIVATION DES INTERESSENTEN. DENN DANN IST ER BEREIT, DEINEN PREIS ZU BEZAHLEN.

»DER INTERESSENT ENTSCHEIDET AUSSCHLIESSLICH NACH DEM PREIS.«

Wenn das der Fall ist, stimmt etwas grundsätzlich an deiner Kommunikation nicht. Du machst dich selbst vergleichbar. Wie sehr sprichst du über Methoden statt über die Lösung? Wie genau listest du Programminhalte auf oder erklärst haarklein, was ihr alles besprechen werdet?

WIE SEHR LÄSST DU ZU, DASS DER KOPF DEINES INTERESSENTEN AKTIVIERT IST UND VERGLEICHEN KANN, STATT DANACH ZU ENTSCHEIDEN, BEI WAS ER DAS GEFÜHL HAT, AM SCHNELLSTEN ZU SEINER LÖSUNG ZU KOMMEN?

Ist dein Interessent wirklich in der Lage, für sich zu entscheiden? Erinnere dich an das grüne Mountainbike. In sehr vielen Fällen hat der Käufer überhaupt nicht die Kompetenz, für sich die beste Entscheidung zu treffen. Entscheidet er ausschließlich nach dem Preis, ist es oft reine Hilflosigkeit und keine gute Verkaufsführung. Und meistens bringt es auch nicht das beste Ergebnis für den Interessenten.

Wirst du aber durch dein Auftreten als diese EINE EXPERTIN (Achtung: Haltung!) wahrgenommen, ist dein Angebot gut erkennbar und richtet sich deine Kommunikation ausschließlich nach der Lösung, dann machst du es deinem Interessenten sehr viel leichter. Wenn dann der Bedarf stimmt: Jackpot!

Kann es immer noch sein, dass dich jemand zu teuer findet? Ja, klar! Es kann auch sein, dass dich jemand zu günstig findet. Beides ist völlig fein. Es gibt für jede Preisgruppe einen Markt. Und es gibt auch für DICH genau die Kunden da draußen, die deine Zielgruppe sind und genau DICH suchen.

Es gibt das Fitnessstudio und den Personal Trainer. Und es gibt auch den Trimm-dich-Pfad.

Das ist völlig in Ordnung. Hast du ein Angebot, das dem eines Personal Trainers ähnelt? Dann lass dich nicht verunsichern, dass dein Preis zu teuer wäre, wenn sich Menschen bei dir melden, die ein Abo fürs Fitnessstudio erwarten. Nimm es lieber als Hinweis, noch klarer herauszuarbeiten, wie du dein Personal-Trainer-Dasein stärker wahrnehmbar werden lässt. Arbeite an deiner Expertenhaltung!

»ICH WILL NIEMANDEM ETWAS AUFSCHWATZEN.«

Das sollst du auch auf gar keinen Fall! Es gibt nichts Unsympathischeres als einen Verkäufer, der dir nicht mal die Luft lässt, zu sagen: »Nein, danke! Das ist nichts für mich.«

Denn was passiert, wenn du jemandem etwas aufschwatzt? Vielleicht erinnerst du dich an das Matratzenbeispiel von Tim und mir. Die kurzfristige Zufriedenheit und die langfristige Unzufriedenheit. Vielleicht machst du kurzfristig schnelles Geld. Wenn der Bedarf aber nicht wirklich stimmt, ist das Endergebnis sehr unbefriedigend für beide Seiten. Für den Käufer, weil er sich übers Ohr gehauen fühlt. Für dich als Verkäufer, weil der Kunde definitiv nicht mehr bei dir kauft und sicher auch keine guten Bewertungen hinterlässt. Eine LOSE-LOSE-Situation.

Mach also bitte eine genaue Bedarfsanalyse. Passt dein Angebot zum Bedarf? Dann gib gute Hilfestellung für die Kaufentscheidung. Überprüfe genau, wo du Sicherheit vermitteln kannst, damit es deinem Interessenten leichtfällt, von dir zu kaufen. Und lass bitte deine Bewertungen und Glaubenssätze zu Geld und zum Verkaufen weg.

8
DU KANNST NICHT NICHT KOMMUNIZIEREN

Ich möchte dir gerne von einem Experiment berichten, das sehr eindrücklich zeigt, warum die richtige Kommunikation so entscheidend für deinen Erfolg ist. UND: Es beschreibt auch noch einmal, dass die Qualität deines Produkts oder deiner Dienstleistung sehr wenig damit zu tun hat, ob gekauft wird oder nicht. Ausschlaggebend ist die Art und Weise, WIE du verkaufst. Deine Kommunikation ist enorm entscheidend für deinen Erfolg.

 Beispiel: Joshua-Bell-Experiment
2007 gab es ein Experiment mit dem weltweit bekannten Musiker Joshua Bell – er soll zu den virtuosesten Geigenspielern überhaupt gehören.

Und zwar stellte sich der Musiker 43 Minuten lang in eine U-Bahnstation in Washington DC. Man wollte herausfinden, wie anziehend seine Musik wirkt, ohne, dass er dabei erkannt wird. Es wurde angenommen, dass seine Musik so berührend ist, dass er solche Klänge aussendet, dass Massen von Menschen anhalten. Security wurde engagiert, falls es zu Tumulten kommen sollte.

Das Stück, das er spielte, hatte er zwei Tage zuvor in einer aus-verkauften Konzerthalle gespielt. Die günstigste Konzertkarte hatte über 100 US-Dollar gekostet.

Und was passierte in der U-Bahn? Es war zauberhafte Musik. Auf JEDEN FALL. Aber das Ergebnis war erstaunlich: Kaum einer blieb stehen. Um genau zu sein: Während 43 Minuten grandioser Musik blieben von knapp 1100 Menschen nur 7 stehen und eine Frau davon erkannte ihn. Er verdiente dabei 32,17 US-Dollar.

So schön die Musik auch war, das Setting drum rum ließ die Menschen den Künstler in eine Schublade einsortieren, in der er ein einfacher Straßenmusikant war. Nur eine einzige Dame kam auf die Idee, dass das ein berühmter Geiger ist, der sonst vor ausverkauften Konzerthallen spielt.

Hätte jemand dort im der U-Bahnstation gesagt:»Moment, wenn du stehen bleibst, kostet das aber 100 US-Dollar!«, hät-ten vermutlich alle kopfschüttelnd einen Vogel gezeigt. Selbst umsonst blieb ja schon kaum jemand stehen.

UND: Dabei lag es nicht an der Qualität der Musik. Ganz und gar nicht. Sondern daran, dass das Setting drum rum nicht stimmte. Verrückt, oder? Und so eindrücklich!

EGAL, WIE GUT DU BIST: OB DEINE KOMPETENZ ERKANNT WIRD, HAT VIEL WENIGER MIT DEINER KOMPETENZ ZU TUN, ALS MIT DER KOMMUNIKATION WIE, DEINE KOMPETENZ TRANSPORTIERT WIRD.

Das WIE ist das A und O. Und es ist DEINE Aufgabe, deine Kom-petenz so gut zu kommunizieren, dass du es deinem Interessenten überhaupt erst möglich machst, dich zu sehen – und dann von dir zu kaufen!

Kommunikation hat viele Facetten. Auch mit Schweigen kannst du kommunizieren. Zwischen den Zeilen wird kommuniziert. Jede Farbe, jede Form hat eine Sprache. Deine Körpersprache, dein Blick. Jede Energie und jede Haltung schwingen in Worten und Bildern mit. Kurz: Du kannst nicht NICHT kommunizieren.[23] Es ist also nicht nur wichtig, die gleiche Sprache wie dein Interessent zu sprechen, sondern auch, dir bewusst zu machen, was du aussenden möchtest, und zu überprüfen, ob das auch genauso ankommt.

Um es noch verständlicher zu machen, möchte ich die Kommunikation gerne in drei Bereiche unterteilen und jeden für sich beleuchten.

KOMMUNIKATION VOR DEM KAUF

In deiner Kommunikation vor dem Kauf geht es vor allem darum, eine Verbindung zu deinem idealen Kunden aufzubauen. Hier geht es um treffendes, passgenaues Marketing. Und damit meine ich nicht viel Tamtam, sondern gezielt und absolut GENAU ins Schwarze! Und das machst du so:

Grundsätzlich ist erst mal wichtig abzugrenzen, wer genau deine Zielgruppe ist. Für wen genau ist dein Produkt oder deine Dienstleistung relevant? Hast du Alter, Familienstand und die wesentlichen Merkmale, die für dich relevant sind, dann gibt es als nächsten Schritt eine Methode, die es dir um ein Vielfaches erleichtert, Verbindungen aufzubauen.

Die Methode heißt: Bau dir einen Avatar!

Ein Avatar ist dein ZIELKUNDENPROFIL. Nicht zu verwechseln mit ZielGRUPPE. Der Avatar hat EINEN Namen, EIN Alter und ganz spezifische Hobbys. Er ist eine selbst gebackene Person mit Stärken und Schwächen. Er hat Schmerzpunkte, die ihn nachts vom Schlaf abhalten und für die er eine Lösung benötigt. Er hat Träume und Glaubenssätze.

Kurz: Bau dir eine fiktive Person – so detailgetreu und facettenreich, dass du das Gefühl hast, sie könnte tatsächlich existieren. Und für diese Person hast genau DU das ideale Angebot.

Richte nun deine gesamte Kommunikation auf diese eine Person aus. Schaffe Verbindung über Nähe, indem du diese eine Person so ansprichst, als würdest du mit ihr einen WhatsApp-Chat haben.

Sprich nahbar, direkt und unverblümt. Sprich über Tabus. Mach neugierig. Sprich heimliche Gedanken aus. Beschreibe Situationen, in denen sich dein Zielkunde allein fühlt. Wo er Hilfe benötigt. Zeige über diese Tiefe, dass du Expertin bist, weil du weißt, wie dein Avatar sich fühlt. Sei frech. Sei liebevoll fordernd. Bleib immer humorvoll und trau dich, sowohl dich als auch deine Gedanken zu zeigen.

Ich wurde in meiner Coaching-Karriere immer wieder darauf angesprochen, dass meine Interessenten beim Lesen der Beschreibungen das Gefühl hatten, ich sitze in ihrem Kopf. »Woher weiß die das? Das ist doch EXAKT meine Situation.« Und genau das möchtest du erreichen. Dass dein Interessent genau spürt, dass du weißt, wovon du da sprichst.

Gleichzeitig sind Authentizität und Ehrlichkeit enorm verbindungsfördernd. Menschen kaufen von Menschen. Umso mehr du dich öffnest, umso authentischer und ehrlicher du bist, umso leichter machst du es deinem Interessenten, sich mit dir zu identifizieren und mit dir in Verbindung zu kommen.

Immer wieder kommen Kunden zu mir, die sich wundern, dass sich so wenige Menschen von ihnen angesprochen fühlen, obwohl sie doch so viele Menschen ansprechen. Finde den Fehler. Wenn du VIELE ansprichst, fühlen sich nicht VIELE angesprochen. Im Gegenteil: Es fühlt sich keiner RICHTIG angesprochen.

Wir befinden uns alle in einem Markt, der geprägt ist von Überangeboten. Als Kunden finden wir das vielleicht hervorragend, weil es uns die Möglichkeit gibt, zu vergleichen und Preise zu verhandeln. Und wenn uns eine Sache nicht passt? Dann können wir einfach so zum nächsten Anbieter gehen ...

Diese Tatsache stellt uns als Anbieter allerdings vor echte Herausforderungen. Daher ist es umso wichtiger, hier einen besonderen Fokus auf die Kommunikation VOR dem Kauf zu geben und einen signifikanten Unterschied im Hinblick auf den Vertrauensaufbau zu machen.

Ein Worksheet, um deinen Avatar zu erstellen, findest du unter www.kidsundkroetenbuch.de.

KOMMUNIKATION WÄHREND DES KAUFPROZESSES

Meldet sich ein Interessent bei dir und du hast kein Klick-and-buy-Produkt, sondern arbeitest mit Verkaufsgesprächen (ich bevorzuge ja die Formulierung »Kaufgespräch«), dann hast du hier natürlich eine weitere Chance, um die Verbindung zu intensivieren und deinem Interessent Hilfestellung bei der Entscheidung zu geben.

Es gibt großartige Strategien die Kaufpsychologie zu nutzen, um dein Gegenüber zum Kaufen zu bewegen. Das würde vermutlich ein weiteres Buch füllen. Ich möchte gerne auf ein paar wesentliche Strategien eingehen, die sehr hilfreich sind. SOFERN der Bedarf stimmt. Das immer vorausgesetzt. Davon gehen wir nun erst mal aus. Dein Interessent WILL also gerne kaufen. Wichtig ist, dass DU als Experte das Gespräch führst. Du stellst die Fragen und behältst somit die Führung. Mach dir bewusst, was die Kaufmotivation deines Interessenten ist und was das Gespräch nun leisten darf. Erinnere dich daran, jemand kauft nur,

- wenn er dir vertraut,
- wenn er deinem Angebot vertraut
- und wenn er sich selbst vertraut, dass er mit dir als Anbieter und deinem Angebot seine Ziele erreicht beziehungsweise sein Problem löst.

Das heißt: Deine Aufgabe ist es, dieses Vertrauen zu schaffen – wobei sowohl deine Expertise als auch deine Sympathie gleichermaßen darauf einzahlen. Denn Vertrauen bedeutet auch, dass ich auf Augenhöhe mit jemandem bin, dass ich mich traue, mich ihm zu öffnen, und das Gefühl habe, auf einer Wellenlänge mit ihm zu sein. Stell es dir vor wie beim sympathischen Hausarzt, der kurz nach den Kindern fragt, bevor er die Anamnese macht. Schaffe Verbindung. Lacht gemeinsam. Lade auf emotionaler Ebene dazu ein, dir das Herz auszuschütten.

Bleib gleichzeitig in dieser Expertenhaltung, als würdest du gerade eine Anamnese machen. Zeige Verständnis, aber kippe nicht ins Mitgefühl. Bleibe zurückgelehnt. Damit vermittelst du, dass du viele solcher Themen schon gehört hast, dass du genau weißt, worum es geht. Geh in die Haltung, dass du vieler solcher

Gespräche führst, auch wenn es vielleicht aktuell noch nicht der Fall ist. Gib Sicherheit, wo auch immer es dir möglich ist.

Sprich in den gleichen Worten wie dein Interessent. Wenn er MAMA sagt, dann sag nicht MUTTER. Sagt er KIDS, dann sag nicht KINDER. Übernimm EXAKT dieselben Worte wie dein Gegenüber. Du wirst erstaunt sein, wie sehr er das Gefühl hat, du hörst ihm präzise zu und verstehst ihn vollkommen. Stelle kluge Fragen.

ANTWORTE AUF FRAGEN MIT EINER GEGENFRAGE ODER BEANTWORTE DIE FRAGE HINTER DER FRAGE.

Durchschaue die Ängste und Sorgen und sehe das Bedürfnis dahinter. Oft ist es das Bedürfnis nach Sicherheit, denn keiner möchte eine falsche Kaufentscheidung treffen.

Wenn du über dein Produkt oder deine Dienstleistung sprichst, dann erkläre nicht, was es ist oder was du machst. Sprich über das Ergebnis. Wozu führt das? Wohin bringt es ihn? Was ist der NUTZEN des Produkts oder der Dienstleistung?

SPRICH NIEMALS ÜBER METHODEN ODER DEN WEG. SPRICH IMMER NUR ÜBER DIE LÖSUNG.

Mach dir deine eigene Motivation bewusst. Das erste WIN liegt beim Kunden. In einem Kaufgespräch hat dein Kontostand nichts verloren. Hier geht es ausschließlich darum, dass du dem Kunden helfen möchtest. Glaub mir, jeder riecht es 300 Meter gegen den Wind, wenn er nur deine nächste Rechnung bezahlen soll. Bleib also in der Haltung, dass du genug Kunden hast und nicht abhängig davon bist, ob dein Gegenüber jetzt bucht oder nicht. Du gibst alles, um die Hilfestellung für eine Entscheidung zum Kauf zu geben. Und es ist dir herzlich egal, ob gekauft wird. Es stehen (auch wenn vielleicht nur gefühlt) genug Kunden Schlange. Du BRAUCHST diesen Abschluss nicht. Das ist ein riesiger Unterschied.

Deine Haltung ist in jedem Wort, ja sogar zwischen jeden Buchstaben spürbar. Sie ist essenziell, damit dein Gegenüber eine richtige Entscheidung treffen kann – für sich UND für dich. Also schau, dass du genau DAFÜR alles gibst.

Ein Kaufgespräch so zu führen, dass der Interessent es leicht hat, sich für deine Dienstleistung zu entscheiden, bedarf auch Übung. Daher: Erstelle dir einen Leitfaden, wie du das Gespräch führen möchtest. Und: Übe, übe, übe! Denn auch der erste Interessent darf durchaus spüren, dass du das Gespräch schon zigmal geführt hast. Und im Idealfall hast du das auch.

 Zusammenfassung: Das Kaufgespräch muss leisten ...

1. dich als ganz schön sympathischen Experten rüberkommen zu lassen.
2. Sicherheit zu vermitteln und klarzumachen, dass das Geld bei dir gut investiert ist. Denn keiner möchte sein Geld in den Sand setzen.
3. dich als beliebten und ausgebuchten Experten wahrzunehmen. Du hast genug Kunden, du BRAUCHST diesen einen Abschluss nicht.

Schau hierzu gerne noch mal in den Mitgliederbereich von www. kidsundkroetenbuch.de und hol dir die »3 Erfolgsfaktoren der Kundengewinnung«.

KOMMUNIKATION NACH DEM KAUF

Erstmal: Herzlichen Glückwunsch zu deinem neuen Kunden! Großartig! Der wichtigste Merksatz für dich ist jetzt:

DER BESTE KUNDE IST DER STAMMKUNDE.

Natürlich ist es großartig, wenn du begeisterte Kunden hast, die dich immer wieder kaufen. Die von dir schwärmen und dich »weiterverkaufen«.

Ab jetzt darfst du also Vollgas geben und deine ganze Kompetenz zeigen. Bleib auch hier ehrlich, authentisch und nahbar. Es ist kein Problem, mal etwas NICHT zu wissen. Gib das ehrlich zu und informiere dich für das nächste Mal.

Spürt dein Kunde, dass du ihm wirklich wichtig bist, gibst du alles für das Erreichen seiner Ziele – sprich hältst du deine wundervolle Qualität – dann wird es nicht das letzte Mal sein, dass er bei dir kauft und dich weiterempfiehlt.

Traue dich, nach Kundenstimmen zu fragen. Kundenfeedback ist für dich in deiner Kommunikation ein großer vertrauensfördernder Faktor, der nicht nur dir Freude macht, sondern höchstwahrscheinlich sogar dem Kunden. So kann er dir etwas zurückgeben und anderen den Weg zu dir erleichtern.

9
LASSET SIE ZU MIR KOMMEN

*D*ass deine innere Haltung wichtig ist, haben wir schon verstanden, wie du kommunizieren solltest ebenfalls. Aber WAS braucht es noch? Denn natürlich gehört noch ein bisschen mehr dazu, um wirklich einen Sog zu erzeugen. Du kannst dir gar nicht vorstellen, wie froh mein Verstand war, dass es noch einen strategischen Marketinganteil gibt, bei dem ich doch tatsächlich etwas im klassischen Sinne »TUN« kann, um das zu erreichen. Und dabei geht es nicht darum VIEL zu tun – aber eben das RICHTIGE.

 Beispiel: Emotionale Kaufentscheidung
Bist du Apple-User? Vielleicht auch nicht. Aber du kennst Apple. JEDER kennt Apple. Was würdest du sagen, was du mit einem iPhone kaufst? Einfach nur ein Smartphone?

Suggestivfrage, ich weiß. Natürlich kaufst du mit einem iPhone einen ganzen Lifestyle. Es ist nicht einfach nur ein qualitativ hochwertiges Produkt. Das gibt es von anderen Anbietern ebenfalls. Du kaufst kein Smartphone. Du kaufst ein iPhone. Du kaufst keinen Computer. Du kaufst einen Mac. Du kaufst so viel mehr als ein technisches Gerät. Apple gehört zu den größten und bekanntesten Marken unserer Zeit. Kommt ein neues iPhone raus, flippen die Fans schon wochenlang vorher aus und übernachten vor den Apple Stores, um eines der ersten

Geräte zu erhalten. Wer zuerst eins hat, postet es gleich in den Sozialen Medien. Die Videos dazu gehen direkt viral und ganze Fangemeinden formieren sich und geben ihre Bewertung für das neueste Gerät ab. Crazy.

Und das nicht nur einmal. Seit vielen Jahren funktioniert das Konzept immer und immer wieder: iPod, iPhone und iPad – völlig egal. Einmal Apple – immer Apple. Das ist ja schon fast eine Grundsatzentscheidung. Apple hat einen unglaublich großen Sog. Und es funktioniert wie von allein.

Wie ist es möglich, DAS aufzubauen? Wie schafft man es, dass einem tatsächlich die Kunden die Bude einrennen? Dass sie einem das Angebot aus den Händen reißen? Wie macht Apple das?

Dass dahinter unter anderem Verkaufspsychologie steckt, das ist dir sicher klar. Ich möchte dir zwei sehr effektive Marketingstrategien an die Hand geben, wie du genau diesen Sog herstellen kannst. Dazu musst du gar keinen Bekanntheitsgrad wie Apple haben. Hier reicht auch bereits eine sehr geringe Reichweite, denn die Prinzipien der Psychologie funktionieren immer gleich.

Es wurde wissenschaftlich nachgewiesen, dass Emotionen eine entscheidende Rolle bei der Kaufentscheidung spielen. Und genau das nutzt Apple unter anderem. Man nennt es auch Sogmarketing. Ein sehr simples und sehr entschiedenes Marketing, das vorwiegend über Emotionen arbeitet.

GEFÜHLE SIND DER GRUND, WARUM BESTIMMTE INHALTE BEI DEINEM INTERESSENTEN HÄNGEN BLEIBEN UND REAKTIONEN HERVORRUFEN.

DAS ist für unseren gesamten Auftritt enorm wichtig! Und es ist sehr einfach. Die Emotionen wecken den Wunsch in deinem Interessenten, dass er genau das ebenfalls erleben möchte. Er bekommt also einen süßen Duft von dem Kuchen, der ihn erwartet, in die Nase. Ein Gefühl wird ausgelöst, etwas haben oder erleben zu wollen. Du erinnerst dich vielleicht daran, wann wir bereit sind, uns zu bewegen? Pain or gain. Schmerz oder ein hohes Ziel. In dem Fall ist es das hohe Ziel, die Sehnsucht, das Wasser, das einem im Mund zusammenläuft, weil die Vorstellung daran schon so real wird und die Lust darauf so geweckt wurde. Und zack – arbeiten die Synapsen im Kopf deines Interessenten für dich. Herrlich.

Diese Sehnsucht kannst du nun mit etwas paaren, das ebenfalls auf dem Markt reichlich vorhanden ist und in der Kombination mit dem Sogmarketing dein Gegenüber auf jeden Fall vom Stuhl aufspringen lässt.

Vielleicht hast du davon schon mal gehört:

FOMO. FEAR OF MISSING OUT.

Die »Angst, etwas zu verpassen«, wenn wir etwas NICHT kaufen. Exklusive Angebote, nur für kurze Zeit verfügbar, oder Anzeigen die aufploppen, wer gerade noch die letzten Plätze bucht, lösen in uns das Bedürfnis aus, dazugehören zu wollen. Und wir kaufen impulsiv. Laut einer Studie aus dem Jahr 2023 reagieren auf FOMO etwa 48 Prozent der Menschen mit einem Kaufreflex.[24]

Vielleicht schreit es in dir jetzt, dass das ganz schön viel Manipulation ist? Gib mir Zeit, dir das genau zu erklären. Dann schauen wir, ob du bei deiner Meinung bleibst.

Kurzer Realitäts-Check: Du willst ein Hotelzimmer buchen – Plötzlich ploppt auf der Website der folgende Text auf: »Gerade

schauen sich 5 weitere Personen das letzte Zimmer an.« oder
»12 Personen haben in den letzten 24 Stunden dieses Hotel gebucht!«.

⇨ FOMO

Du möchtest den Fernseher kaufen – Im Prospekt steht: »Nur
für kurze Zeit, ist dieses Sonderangebot gültig!« oder »Bestsel-
ler« oder »Heute noch 20 Prozent Rabatt mit der Kundenkarte.«.

⇨ FOMO

Du recherchierst Flüge für deinen Urlaub. Gestern waren sie
noch 20 Euro günstiger ... Du denkst: »Oh weh! Sind das etwa
schon die letzten Plätze?«

⇨ FOMO

Du möchtest dich für den Online-Kurs anmelden, aber es gibt
nur noch eine Warteliste? Du fragst dich: »Bekomme ich wohl
noch einen Nachrücker-Platz, wenn einer absagt?«

Mache dir bewusst: Solche oder ähnliche Marketingmaß-
nahmen setzt JEDES Unternehmen ein. Wir werden tagtäglich damit konfrontiert. Es gehört schon zu unserem ganz
normalen Kaufprozess. Black Week, Cyber Monday, Weih-
nachtsaktionen, Sommerschlussverkauf, Frühbucherrabatt
... Ach, es gibt unendlich viele Bezeichnungen, in denen
FOMO Teil der Marketingstrategie ist. Schnäppchenjäger
aufgepasst!

DAS funktioniert bei uns Menschen hervorragend. Ich spa-
re, während ich dazugehören kann. Die Ersten werden belohnt.
Großartig. Mein Schwaben-Herz hüpft höher.

Alles nur ne Masche? Alles nur Manipulation? Ja, klar! Natürlich. Und: Wenn ich eh einen Fernseher kaufen wollte, freue

ich mich doch über dieses Schnäppchen, das ich ergattert haben. WIN-WIN.

Wenn ich den Flug eh buchen wollte, mache ich es eben etwas früher und recherchiere nicht noch mal drei weitere Wochen. Wenn ich das Hotelzimmer eh wollte, grins ich doch wie ein Honigkuchenpferd, dass ich das letzte erwischt habe, und die Vorfreude steigt. JA. FOMO ist völlig in Ordnung ... WENN der Bedarf stimmt! Also keine Angst davor, dass du jemanden NEGATIV manipulieren würdest. Denn es geht nicht darum, jemanden über den Tisch zu ziehen. NEVER FORGET. Oberste ethische Regel ist: DER BEDARF MUSS STIMMEN! Ganz ehrlich, alles andere funktioniert auch gar nicht. Oder höchstens kurz. Fehlkauf. Der spätere Ärger ist gesichert. Nachhaltige Zufriedenheit beim Kunden ist also ein sehr hohes Gut.

Richtest du dich mit deiner Dienstleistung oder deinem Produkt direkt an deine Zielgruppe und springt sie darauf an, ist die Wahrscheinlichkeit hoch, dass der Bedarf stimmt. Jetzt darfst du helfen, es dem Interessenten leichter zu machen, zu kaufen. FOMO und Sogmarketing sind dazu hervorragend geeignet.

NUTZE ALSO DIESE MARKETINGMASSNAHMEN, DIE WIR SOWIESO ÜBERALL UM UNS HERUM GEWOHNT SIND, UND MACH ES DEINEM INTERESSENTEN LEICHTER! HILF IHM, SICH SCHNELLER ZU ENTSCHEIDEN.

Sonst machen es nämlich andere Anbieter! Und obwohl DU die BESTE für deine Interessenten bist, gehen die Leute dorthin, wo es ihnen leichter gemacht wird, zu kaufen. Dann hättest du eine LOSE-LOSE-Situation. Aber wenn du es sympathisch machst, dürft ihr beide grinsend einschlafen ... Und es entsteht eine WIN-WIN-Situation.

Glücklicher Käufer – glücklicher Anbieter.

Zusammenfassung: Sog erzeugen

Step 1

Verwende in deinem Marketing Begriffe, die Emotionen hervorrufen. Nutze Bildmaterial, das genau das transportiert, wie sich dein Kunde mit deinem Produkt oder deiner Dienstleistung fühlen soll. Wecke Sehnsucht. Erschaffe Bilder im Kopf deines Kunden. Das können Fotos sein oder auch Beschreibungen, die bildhaft und greifbar sind.

Step 2

FOMO kannst du erschaffen, indem du zum Beispiel mit künstlicher Verknappung arbeitest: »Nur noch kurze Zeit!«, »Nur noch wenige auf Lager!« UND mit Exklusivität. Limited Editions, fast ausgebuchte, exklusive Angebote und so weiter. Setze es aber in Maßen ein, damit es authentisch bleibt!

FOMO erreichst du im Übrigen auch über deine innere Haltung. Wenn du ausstrahlst: »Die Kunden rennen mir die Bude ein! Ich bin so gut wie ausgebucht!« Wer will da denn NICHT auch dazugehören und sich den letzten Platz schnappen?

Erinnere dich daran, selbst wenn du es NICHT aussprichst:

DU KANNST NICHT NICHT KOMMUNIZIEREN.
DEINE HALTUNG SPRICHT BÄNDE!

10

REICH UND SEXY: MACHT GELD GLÜCKLICH?

*M*eine Familie und ich wohnen inzwischen an einem der schönsten Orte Deutschlands, wir haben 50 Meter Luftlinie zum Bodensee und leben in einem wunderschön gestalteten Architektenhaus.

Tim und ich arbeiten beide nur noch 15 bis 20 Stunden pro Woche – flexibel einteilbar. Den Nachmittag haben wir grundsätzlich beide frei und verbringen ihn mit unseren drei Kids. Wir können Urlaub nehmen, wie wir wollen, und arbeiten, von wo aus wir wollen. Unsere Reisen richten sich danach, worauf wir Lust haben (und nicht nach einem begrenzten Reisebudget), und meine Bulli-Liebe haben wir kürzlich in einem nagelneuen T6.1 verwirklicht.

Ich wache oft grinsend auf. Ich feiere tatsächlich jeden einzelnen Tag, was für ein tolles Leben wir führen können. Welche Lebensqualität wir haben und wie viel Zeit wir mit der Familie verbringen können.

All das ist nur möglich, weil ich damals mein Business gestartet habe und so erfolgreich wurde und somit viel, viel mehr Geld in unserem Leben ist. Ich war mutig und habe mit einem hohen Ziel, unbeirrbar fokussiert, all das umgesetzt, was ich dir hier in diesem Buch erzählt habe. Das Ergebnis macht mich unfassbar glücklich. Definitiv.

GELD IST FÜR MICH EIN MÖGLICHKEITENVERSTÄRKER.

Was nicht heißt, dass ich mit weniger Geld unglücklich war. Aber es ist schon so, dass mir eine gehörige Portion Sorgen genommen wurde. Eine Form von finanzieller Freiheit, was das Wohnen, den Lebensstil und Vorsorgen der Kinder an geht, hat durchaus meinen Schlaf positiv verändert.

Ich kann mir auch Zeit kaufen, indem ich mir Hilfestellungen für den Haushalt ermögliche oder die schnellste und bequemste Zugverbindung wählen kann, weil der Preis keine Rolle spielt. Zeit ist etwas, das mir als Mama zum höchsten Gut geworden ist.

Natürlich scheint mir nicht an jedem Tag die Sonne aus dem Po. Mir ist auch sehr bewusst, dass ich das Leben, das ich mir erschaffen habe, vor allem deswegen so genießen kann, weil ich wundervolle Menschen um mich habe, mit denen ich all das teilen kann. Einen fantastischen Mann und drei bezaubernde Kinder.

SELBSTVERSTÄNDLICH SIND MENSCHLICHE BEZIEHUNGEN FÜR UNSER PERSÖNLICHES GLÜCK ENORM WICHTIG UND NIEMALS DURCH GELD ERSETZBAR.

Bist du also im Privatleben ohne Geld unglücklich, so wird das Geld vermutlich hier auch nicht zum Glück führen. Wenn jemand versucht, seine persönliche Unzufriedenheit im Leben mit extremen Karrieresteps, als Workaholic oder mit vielen Konsumgütern zu kompensieren, wird er dieses Loch vermutlich nie vollständig gestopft bekommen. Dass in solchen Fällen Geld missbraucht wird, um kurzfristig Glück zu empfinden, ähnlich wie bei der Tafel Schokolade, die mir danach schwer im Magen oder auf den Hüften liegt, ist vermutlich einleuchtend. Das Geld selbst hat damit nichts zu tun.

Es gibt die Sorge, dass mit mehr Geld auch mehr Verantwortung ins Leben kommt. Und ganz ehrlich: Persönlich kann ich das nicht nachvollziehen. Ich vermute, dass mitschwingt, dass das viele Geld ja auch wieder schnell weg sein kann und ich dann mit hohen Kosten dasitze und so weiter ... Diese Annahme impliziert ja, dass ich »schnelles« Geld gemacht habe und alles abrupt vorbei sein kann. Erst mal: ACHTUNG, prüfe deine Glaubenssätze dazu! Und: Wenn du dein Geld-Mindset veränderst und dein Business solide nach meiner Erfolgsformel aufbaust, dann bedeutet das alles andere als Unsicherheit, sondern stabiles Wachstum. Wo genau schwingt dann die Sorge mit, plötzlich kein Einkommen mehr zu haben?

Wenn wir uns noch mal das Kapitel zum Geld-Mindset anschauen und die Übung zur Geld-Beziehung, dann erinnerst du dich vielleicht daran, dass es auch darum geht, das Geld »zu pflegen«. Heißt: Dass wir vernünftig und wohlbedacht mit Geld umgehen. Nehmen wir also die Verantwortung an, ähnlich der Verantwortung, die wir für ein Familienmitglied haben, und gestalten sie positiv. Alle Macht dazu haben wir ja nun.

Geld ermöglicht viel. Sehr viel. Meine Meinung zur Anfangsfrage ist also:

GELD MACHT GLÜCKLICH.
UND:
GELD ALLEINE MACHT NICHT GLÜCKLICH.

11
ZIELIDENTITÄT ALS NEUES NORMAL (SEIN – TUN – HABEN)

*W*arum mir dieses Kapitel besonders am Herzen liegt, hat viel damit zu tun, dass mir dieses Wissen sehr viel Hilfestellung gegeben hat, was die Entwicklung und das Wachstum meines Unternehmens an geht.

Und es schließt wieder an all das an, was du im zweiten Kapitel gelernt hast. Du hast ein Ziel – und um dort »hinzuwachsen«, ist es entscheidend, dass du all deine Ressourcen darauf ausrichtest. Dein Unterbewusstsein, deine Gedankenwelt, dein Gehirn, deine Fertigkeiten und deinen Selbstwert.

Wir erinnern uns: Deine aktuelle Realität ist kein Zufall. Um ein Ziel außerhalb deiner Komfortzone zu erreichen, musst du ein anderes Verhalten und eine andere Ausstrahlung an den Tag legen. Du darfst ein anderer Mensch werden. Eine neue Identität entwickeln.

Die für mich hilfreichste Unterstützung, das auch leichter umzusetzen, war das »Bauen« einer Zielidentität. Die Zielidentität bist DU in deiner idealen Zukunft. Und sie ist Teil deiner Vision. Darin ist sie aber sehr konkret. Würdest du ihr heute begegnen, würdest du in ihr deine beste Version erkennen. Deine Zielidentität soll dein Pacemaker werden (Pacemaker laufen bei Wettkämpfen ein gleichmäßiges Tempo für bestimmte Zeiten und helfen so den Läufern beim Erreichen ihrer Ziele). Sie darf dir immer vor Augen sein, was dein Denken, dein Handeln und deine Entscheidungen angeht. Sie soll dich ziehen. In genau diese Richtung. Dich entwickeln. In genau diese Richtung. So dass du ihr immer ähnlicher wirst. Umso klarer du sie dir ausmalen kannst, umso einfacher wird es für dich, das umzusetzen.

»Obwohl dein Ziel in der Zukunft liegt, kannst du es nur in der Gegenwart erreichen.«

VEIT LINDAU

Als ich das erste Mal meine Zielidentität aufgeschrieben habe, konnte ich mir noch gar nicht so genau vorstellen, wie sie aussieht. Was hat sie für Eigenschaften? Was tut sie? Wie reagiert sie auf bestimmte Situationen und womit beschäftigt sie sich? Ich konnte mir zwar eine Vision bauen, die sich seltsam weit weg anfühlte, aber eine Zielidentität – das war für mich im ersten Schritt gar nicht so leicht.

Es gibt aber eine tolle Übung, die Hilfestellung dazu gibt. Und die möchte ich dir gerne vorstellen. Nimm dir hierfür wirklich Zeit, ausführlich und detailgetreu alles aufzuschreiben, was dir zu den Fragen einfällt. Es lohnt sich!

ERST BIST DU, DANN TUST DU, DANN HAST DU.

Wir schauen uns erst mal den IST-Zustand an. Beantworte diese Fragen und schreibe dir alles auf, was dir rund um dieses Thema einfallen könnte.

SEIN

- Wie würdest du deine Person jetzt aktuell beschreiben?
- Welche Charaktereigenschaften würden dich selbst beschreiben?
- Was sind deine Stärken und Schwächen?

TUN

- Wie würdest du dein Handeln in bestimmten Situationen beschreiben: Was ist typisch für dich? Bist du z.B. perfektionistisch veranlagt? Impulsiv oder eher lange am Abwägen? Fällt dir etwas Prägnantes für dich ein?
- Gibt es Handlungen, die deinen Alltag bestimmen? Wenn ja, welche? Z.B. akribische Ordnung halten oder Dinge vor dir herschieben?
- Wenn du an dein Business denkst, worauf liegt dein aktueller Fokus im Tun oder was meinst, dass du das tun musst? Z.B. Kontrolle der Follower/User oder permanentes Optimieren eines Teilbereichs?

HABEN

- Was besitzt du und würdest du als Teil von dir bezeichnen? Ein bestimmtes Möbelstück oder Auto, Schmuck- oder Kleidungsstück?
- Mit welchen Dingen umgibst du dich gerne? Hast du z.B. ein besonderes Faible für Ohrringe oder Seidenstoffe?
- Wenn du dein Zuhause anschaust: Welche Gegenstände würden deine aktuelle Situation am besten beschreiben? Die Couch, die schon längst ersetzt gehört, aber aktuell

nicht »drin« ist? Das Klavier, das dein Herz höher hüpfen lässt, aber immer noch nicht gestimmt ist? Das Besteckset aus Studentenzeiten und die ausrangierten Teller von Oma? Was fällt dir auf?

Bevor wir nun deinen ZIEL-Zustand aus dieser Bestandsaufnahme bauen, möchte ich ganz kurz über einen Punkt sprechen: den Stolz des Egos. Wenn wir nicht bereit sind, uns zu verändern, werden wir auch nie neue Ergebnisse haben. Wenn wir nicht bereit sind, Altes loszulassen, werden wir nie gravierend Neues erleben. Unser Verhalten und unsere Ausstrahlung sind wie ein Magnetfeld, das dafür sorgt, dass sich die Ereignisse um uns herum immer wieder auf ähnliche Weise anordnen.

WENN DU EIN ANDERES LEVEL ERREICHEN MÖCHTEST, MUSST DU ERST MAL ZU EINER ANDEREN PERSON WERDEN – ANDERS DENKEN UND ANDERS HANDELN. DANN SIND DEINE ANDEREN ERGEBNISSE EINE LOGISCHE KONSEQUENZ.

Mache dir also nun bewusst, wo du hinwillst. Wer genau willst du sein? Überprüfe, an welcher Stelle du anfängst, um gleich eine möglichst große Wirkung im Außen zu sehen. Und unterschätze dabei nicht die Details. Manchmal sind es kleine Dinge, die eine riesige Auswirkung haben. Jede Veränderung wird mehr davon anziehen. Und so kommst du deiner Zielidentität immer näher. Großartig, oder? Yeeees. Dann lass uns nun deinen ZIEL-Zustand bauen:

ÜBUNG: SEIN – TUN – HABEN ZIEL-ZUSTAND

SEIN

- Welche deiner aktuellen Eigenschaften möchtest du verstärken und welche willst du gerne ablegen?
- Wenn alles möglich wäre, wie würdest du deine idealen Charaktereigenschaften beschreiben?
- Wie würdest du dich gerne mit dir selbst fühlen?

TUN

- Was würdest du gerne machen, wenn alles möglich wäre?
- Wie erfolgreich ist deine Zielidentität und womit beschäftigt sie sich im Alltag?
- Welche berühmten Persönlichkeiten trifft sie zum Beispiel und wo wohnt sie?
- Wie arbeitet deine Zielidentität und wie viel?

HABEN

- Was würdest du gerne besitzen oder dir ermöglichen?
- Wo geht deine Zielidentität einkaufen und was gönnt sie sich alles?
- Besitzt sie Luxus und wenn ja welchen? Womit erleichtert sie sich ihren Alltag?
- Wohin würde sie gerne reisen und welches Auto, Fahrrad oder Boot fährt sie?

Anhand dieser Fragen kannst du dir nun eine sehr klare Zielidentität backen. Schreib dir auf, was diese Person alles ausmacht – und zwar so emotional und detailgetreu wie möglich.

**EIN ZIEL BRAUCHT ABSOLUTE
KLARHEIT UND EMOTIONEN.**

Male das Bild deiner Zielidentität in den schillerndsten Farben aus. Schließe deine Augen und spüre, wie es sich anfühlt, wenn du in diese Identität schlüpfst. Lies dir diese Variante von dir täglich durch und fühl dich intensiv rein. Sie darf dein neues Zugpferd werden. DORT möchtest du hin. Versuche, im Jetzt genau das Gefühl herzustellen, das du mit dieser neuen Identität verbindest. Gehe jedes Detail akribisch und regelmäßig durch. So kannst du in deinem Unterbewusstsein dein neues ICH manifestieren. Dein Gehirn arbeitet mit der Neuroplastizität[25] ebenfalls FÜR dich, wenn du anders denkst und handelst und dieses neue NORMAL immer weiter etablierst. Dabei geht es nicht darum, sich jetzt sofort eine Köchin anzuschaffen, jeden Monat auf Reisen zu gehen oder täglich zu shoppen. Es geht bei all dem vor allem darum, das SEIN zu spüren und zu leben – eben die IDENTITÄT.

Lass also deine Zielidentität immer mehr in dein Leben kommen und dann überlege ab sofort bei jedem deiner nächsten Schritte oder bei Fragen, die bei dir auftauchen:

WIE WÜRDE MEINE ZIELIDENTITÄT JETZT HANDELN? WELCHE INNERE HALTUNG WÜRDE SIE JETZT EINNEHMEN?

Und dann machst du GENAU DAS. Und nichts anderes. Das ist einer der besten Ratschläge, die du für Entscheidungen je bekommen kannst.

DEINE REALITÄT FOLGT DEM, DER DU HEUTE BIST.

12

DIE WAAGSCHALE DES ERFOLGS

Ich kann mich gut an die Zeit erinnern, in der ich all das hier Geschriebene voller Hingabe umgesetzt habe. Ich war on fire. Es war alles so logisch, so greifbar, so aufregend. Ich setzte um, überwand Stück für Stück meine Widerstände, erarbeitete mir eine neue Routine und grinste den ganzen Tag. Ich WUSSTE im Herzen, dass all das zu meinem grenzenlosen Erfolg führen würde, und konnte es kaum erwarten, die Ergebnisse in meinem Leben zu sehen.

Einiges stellte sich schnell ein – zum Beispiel der Umgang mit meinen Kindern, meine positive Grundhaltung und meine Entspanntheit was Geldthemen anging. Wundervolle Menschen kamen in mein Leben und so viele Dinge passierten einfach wie ein Glücksregen, der sich über mich ergoss.

In meinem Business setzte ich alles um, was ich gelernt hatte. Brachte meinen rebellischen Verstand immer wieder zur Ruhe und fokussierte mich darauf, alles Step by Step in Fleisch und Blut übergehen zu lassen. Mein Wille war grenzenlos.

Diese kribbelige Aufregung und meine Bereitschaft, alles zu geben, brachte bei aller Vorfreude auch eines mit sich: Ungeduld.

- Wenn etwas nicht sofort klappte, war mein Verstand herrisch laut und grätschte mit Zweifel rein.

- Wenn etwas länger dauerte, hinterfragte ich schnell die Qualität meiner Umsetzung, anstatt stoisch meine Glaubenssätze und Learnings weiter zu wiederholen und der Neuroplastizität eine Chance zu geben.
- Wenn etwas anders lief als erwartet, suchte ich Fehler, anstatt mich weiter darauf zu fokussieren, was in naher Zukunft eintreten wird.

Es gab einige Herausforderung in der Umsetzung. Da dir das ebenfalls passieren kann, möchte ich dir ein spannendes Phänomen erklären, in der Hoffnung, dass es dir ebenfalls Mut macht und dir hilft dranzubleiben, wenn dein innerer Kritiker dir mal die Leviten liest.

»Ein Diamant ist ein Stück Kohle das Ausdauer hatte.«

LOUIS TIFFANY

Es gibt deinen realen IST-Zustand und dein Ziel. Stell es dir vor wie eine Kaufmannswaage. Auf der einen Seite das JETZT; auf der anderen Seite deine erreichte Zukunftsvision. Das JETZT hat das größere Gewicht, denn es ist ja dein aktueller Zustand.

Du zahlst täglich auf die Waagschale des Erfolges ein, wenn du in deiner Zielidentität bist, im Vertrauen und in deiner vollen Größe der Umsetzung. Alles, was du hier lernst und umsetzt, bringt gewaltige Gewichte auf die Waagschale des Erfolges. Das lässt Stückchen für Stückchen die Schalen kippen. Solange noch nicht ausreichend Gewicht auf der Zukunftsseite ist, hat dennoch dein IST-Zustand die Macht.

Es bedarf Ausdauer, Dranbleiben und Willen, stetig die Waagschale zu befüllen – OHNE, dass man gleich etwas sieht. Der Moment des Kippens kommt. Das ist unvermeidlich.

IN DER ZEIT, IN DER DU DIE WAAGSCHALE BEFÜLLST UND SIE NOCH NICHT IN RICHTUNG ERFOLG GEKIPPT IST, ENTSTEHT EINE SPANNUNG ZWISCHEN DEN SEITEN.

Es ist eine Situation, die nicht dauerhaft haltbar ist. Das ist enorm wichtig zu wissen. Dein Bewusstsein kann nämlich nicht in zwei Realitäten leben. Deshalb wird es alles tun, um diese Diskrepanz aufzulösen.[26] Das heißt, ein Teil in dir versucht, diese Spannung loszuwerden.

Dann gibt es nur zwei Optionen: Entweder du opferst dein Ziel und bleibst in deiner aktuellen Situation ODER du hältst dein Ziel innerlich aufrecht, erträgst diese Spannung und setzt weiter Gewichtchen für Gewichtchen auf die Erfolgsschale.

KAUM EINE ANDERE CHARAKTERSTÄRKE IST AUF DEM WEG ZU DEINEM ERFOLG SO WICHTIG WIE DEINE ENTSCHLOSSENHEIT.

Sei dir also bewusst, dass du dir immer wieder in Erinnerung rufen darfst, dich auf deinen Erfolg auszurichten. Rüttelt es gerade stark, hol dir dein WARUM wieder raus und besinne dich darauf, für was du losgegangen bist. Jeden neuen Tag.

Zum Beispiel, wenn dich wieder jemand fragt, wann du denn endlich mal was Richtiges arbeiten willst. Oder wenn dir ein technisches Problem schlechte Laune macht und du am liebsten hinschmeißen möchtest. Oder wenn du heute viel vorhattest, aber mal wieder dein Kind den schönsten Kita-Keim alle 12 Sekunden aushustet. Wenn wieder jemand ein Gespräch absagt oder die fünfte Person meint, dein Angebot sei viel zu teuer. Wenn jemand einen doofen Kommentar auf Social Media schreibt oder deine Werbeanzeige plötzlich gesperrt wird. You name it.

Vielleicht wird dann dein Ego laut und bombardiert dich mit Selbstzweifeln und Ungeduld. Will es besser wissen und zeigt dir wieder viele Möglichkeiten, die du um dich herum siehst, wie »MAN das macht«. Mach dir immer wieder klar, dass dein Ego hier ums Überleben kämpft. Es WILL RECHT behalten. Es befüllt die Waagschale des IST-Zustandes. Kippt die Schale in Richtung Erfolg, bedeutet das ein Stück weit auch, dass dein Ego stirbt. Hältst du das aus? Bist du bereit, dein altes ICH loszulassen, um etwas NEUES zu erschaffen? Um wirklich den Erfolg in deinem Leben zu haben?

Und wenn ja - Was glaubst du ist der Unterschied zwischen der Person, die nun dranbleibt, und der Person, die aufgibt? Ganz simpel: Sie hat es einfach gemacht.

DU BIST DER TRÄUMER DEINES TRAUMS.
DU HAST DIE MACHT. NUTZE SIE!

13
DER DURCHBRUCHSMONAT ODER 3 ERFOLGSBESCHLEUNIGER

Im April 2020 hatte ich allein in einem Monat einen Umsatz von über 50.000 Euro. Bei 10 bis 15 Stunden Arbeit pro Woche. Allein. Das muss man sich mal auf der Zunge zergehen lassen. Fünfzig-Tausend-Euro in EINEM Monat. Mein System drehte durch. So viel habe ich vorher nicht mal in einem Jahr verdient. Weit weg davon. Vielleicht in zwei Jahren. Und jetzt. In einem Monat. Ich war fassungslos. Es war, als ob ein Steinchen ins Rollen gebracht wurde und er plötzlich da war: der Erfolg.

Ich spürte richtig die gekippte Waagschale. Meine neue Realität schlug ein wie eine Bombe. Ich schwebte wochenlang wie auf Wolken und konnte mein Glück kaum fassen.

Neun Monate habe ich intensiv all das umgesetzt, was ich hier in diesem Buch beschreibe. Und ich gebe offen zu, dass es nicht immer leicht war, meinen inneren Kritiker im Zaum zu halten. Ich hatte Mentoren an meiner Seite, die mich darin unterstützen und immer wieder auf Spur brachten. Jedes Mal hat es mich aus der Komfortzone gebracht, weiter an mich zu glauben und das nächste Coaching zu buchen. Neun Monate, in denen ich meine Waagschale des Erfolgs befüllte und dranblieb, all das umzusetzen.

Bei all meinem Durchhaltevermögen und starkem Willen hätte ich das nie geschafft, wenn ich nicht diese drei Erfolgsbeschleuniger bierernst genommen hätte.

1. SUCH DIR EIN VORBILD UND EIFERE IHM NACH!

Was für mich unglaublich wichtig war, war zu sehen, dass es jemand schon geschafft hat, genau das umzusetzen. Dass jemand vor mir diesen Weg schon gegangen ist und mich versteht in all meinen Wachstumsprozessen. Dass mir jemand den Weg weisen und Abkürzungen zeigen kann.

Wenn jemand anderes all das schon erreicht hat, was ich erreichen möchte, gibt es keinen Grund, warum ich das nicht auch erreichen kann. Ich kann jederzeit meinem Zweifler in mir sagen: Wenn der es geschafft hat, dann schaffe ich es allemal.

Ein guter Mentor ist essenziell für deinen Erfolg.

SUCH DIR JEMANDEN, DER SCHON DORT IST, WO DU SEIN WILLST. HOL DIR DEINEN GANZ PERSÖNLICHEN PACEMAKER, DER DICH ZIEHT, MIT DIR GEMEINSAM LÄUFT UND DICH HIN UND WIEDER ZURÜCK AUF SPUR BRINGT.

Für mich war das ein sehr großer Schritt, mir Unterstützung zu holen. Es hat mich viel Überwindung gekostet, mir einzugestehen, dass ich hier allein nicht zu dem Ergebnis kommen werde, das ich mir wünsche. Dazu muss ich sagen, dass ich zu der Sorte Menschen gehöre, die gefühlt IMMER alles allein schaffen. Das geht schon fast so weit, dass ich mir selbst beweisen will, dass ich das ja auf jeden Fall hinbekomme – ohne Hilfe. Ich bin mir heute noch so dankbar, dass ich dieses Muster erkannt habe und ganz bewusst diesmal alles anders gemacht habe. Von Anfang an mit einem Coach an meiner Seite. Ich wäre sonst heute sicherlich immer noch in meiner Komfortzone und würde dort wurschteln und kämpfen. Und damit eben NICHT vorankommen und neue Ergebnisse erhalten.

Dass ein Coach an meiner Seite auch Geld kostet, war die nächste Herausforderung und mein klares Commitment, diesen Weg auch wirklich zu gehen und meine Ziele zu erreichen. Das Pfand, das ich mir zuliebe also gezahlt hatte, gab mir einen enormen zusätzlichen extrinsischen Antrieb und mein innerer Schweinehund hatte keine Chance.

Nachdem ich innerhalb von neun Monaten all das intensiv umgesetzt hatte, was ich dir hier alles mitgebe, hatte ich das Geld, um ein Vielfaches wieder drin. Das sicherste Invest, das ich also tätigen konnte, war in MEIN Potenzial zu investieren. Der Erfolg gab mir recht.

2. UMGIB DICH MIT MENSCHEN, DIE AUF DEMSELBEN WEG SIND!

Es gibt den Satz von Jim Rohn:

»DU BIST DER DURCHSCHNITT DER FÜNF MENSCHEN, MIT DENEN DU DIE MEISTE ZEIT VERBRINGST.«

Und er hat eine tiefe Wahrheit. Über welche Themen möchtest du dich austauschen? Welche Energie möchtest du um dich haben? Wer fordert und fördert dich in Gesprächen? Wer unterstützt deinen Weg und dein Wachstum? Wähle bewusst eine Gruppe von

Menschen, die dir auf deinem Weg guttun. Vielleicht machen sie was Ähnliches wie du, sind auch in einem Umdenkprozess oder in der Persönlichkeitsentwicklung unterwegs? Es ist um ein Vielfaches leichter, den Weg nicht alleine zu gehen, sich gegenseitig zu motivieren und Hilfestellung zu geben. Zusammen seid ihr weniger allein mit euren Gedanken. Und es gibt nichts Schöneres, als seine Erfolge zu teilen und gemeinsam zu feiern!

3. BLENDE VORRÜBERGEHEND ALLES AUS, WAS DIR NICHT DIENT!

Um ein neues Denken, eine neue Sprache und eine andere Haltung zu etablieren, hilft es enorm, für eine gewisse Zeit Scheuklappen aufzusetzen und sich auf das Wesentliche zu fokussieren. Damit meine ich nicht, dass du dich von nun an von deiner Außenwelt abkapselst. Aber dass du dich mit viel weniger beschäftigst, was dich negativ beeinflusst auf jeden Fall. Überlege mal, wie viel Energie es dich kostet, wenn du durch einen kritischen Glaubenssatz in eine rechtfertigende Diskussion gerätst und wie sehr dich solche Zweifler nachhaltig beschäftigen. Hast du dein neues Denken erst mal etabliert, kannst du viel leichter auf Durchzug schalten als in dem Veränderungsprozess. Solange du hier noch drinsteckst, ist meine dringende Empfehlung: Wähle weise, wen du triffst und wen aktuell nicht, UND sag auch mal »nein«, um deinen Fokus gut darauf zu lenken, was JETZT gerade dran ist.

14
KIDS & KRÖTEN

Und jetzt hältst du dieses Buch von mir in den Händen. Ich gebe zu, ich bin ganz schön sentimental bei diesen letzten Zeilen, die ich schreibe. Vor fünf Jahren hätte ich mir in meinen kühnsten Träumen nicht vorstellen können, wo ich jetzt stehe. Manchmal muss ich mich selbst zwicken. Und ich weiß, dass es kein Zufall oder einfach nur Glück ist. Sondern dass es mein bewusster Entschluss zu diesem »anderen« Weg war, mein kontinuierliches Dranbleiben, mein stoischer Glaube an meinen Erfolg und meine Entschlossenheit. Ich bin unfassbar dankbar, dass ich es mir wert war, diesen Weg zu gehen. In mich und meinen Erfolg zu investieren und all das, was ich in diesem Buch beschreibe, umzusetzen.

Was habe ich mir und uns damit in den letzten vier Jahren alles erschaffen. Unsere Lebensqualität ist enorm gestiegen, genau wie unser Kontostand. Tim und ich arbeiten beide zwischen 15 und 20 Stunden pro Woche. Der Rest ist Familienzeit. Unser Verdienst ist enorm.

Da komme mir einer noch mit dem Glaubenssatz, dass Familie und erfüllt erfolgreich sich ausschließen! Ich bin der lebende Beweis, dass dem nicht so ist. Im Übrigen meine Kunden ebenfalls. Also, falls jemand doch noch den Satz mit dem Zufall oder dem Glück glaubt. Kann ich gleich aushebeln. Ich bin kein Einzelfall.

ES IST EIN WEG, DER UNVERMEIDBAR ZUM ERFOLG FÜHRT.

Inzwischen ist aus dem Einzelunternehmen im Übrigen eine ganze Firma entstanden. Es gab Anfang 2023 den Zusammenschluss mit meiner wunderbaren alten Freundin und großartigen Kollegin Stephanie Raiser. Wir haben unsere Kernkompetenzen zusammengelegt und mit doppelter Power einen sensationellen neuen Start hingelegt. Gemeinsam arbeiten wir nun in einem Unternehmen, das Millionenumsätze macht. Da wir beide als Mamas immer Kids UND Kröten im Blick haben und der sympathische familienkompatible und nahbare Erfolg unsere Mission ist, heißt dieses Unternehmen: Millionärin von nebenan. Der Name ist Programm. Versteht sich.

Bleibt nur noch eine Frage offen:

UND WANN BIST DU DIE NÄCHSTE MILLIONÄRIN VON NEBENAN?

DOPPELT HÄLT BESSER

SCHLUSSWORT VON STEPHANIE RAISER

*E*inmal Millionärin im Schnelldurchlauf – und wieder zurück. Das ist meine Geschichte in einen Satz gepackt. 2018 von der Heilpraktikerin zur Millionärin mit einem Online-Business in zehn Monaten. Das hatte ich geschafft. Und es hörte nicht auf zu wachsen. 2 Millionen in 16 Monaten ... und weiter und weiter und weiter.

Bis mich 2022 der Burn-out einholte und mein Unternehmen so schnell so groß geworden war, dass mir alles um die Ohren flog. Wachstumsschmerzen, Ratlosigkeit, nächtelange Arbeit, ein schlechtes Gewissen und voller Scham, was ich anderen so großartig vermitteln, aber irgendwie selbst nicht mehr umsetzen konnte. Nach außen hat man (fast) nichts gemerkt. Wir waren weiterhin ungebremst auch finanziell erfolgreich. Aber hinter den Kulissen arbeiteten wir uns kaputt. Und Spaß machte es schon lange keinen mehr ...

Gestartet mit exakt derselben Erfolgsformel wie Simone sie hier Schritt für Schritt beschrieben hat, hatte ich irgendwann angefangen, mich selbst nicht mehr an meine eigene Strategie zu halten. Und ja ... die Frage ist berechtigt: Wie kann man nur so bescheuert sein?! Wenn man es damit in zehn Monaten zur Millionärin geschafft hat ... Wie war das noch mal mit »never change a winning strategy«?

Tja ... kennt hier bestimmt keiner, dass man so verführt ist, all dem, was einem »hart arbeitende« Business-Coaches und »Reichweiten«-Experten sagen, Glauben zu schenken. Nämlich, dass es schneller geht mit Stories, Shorts, Reels, Webinaren, E-Mail-Marketing, ganz vielen hübsch gestalteten Grafiken und nicht zu vergessen Content, Content, Content, Content.

Dass da im Endeffekt wahnsinnig viel Zeit gegen KEIN Geld getauscht wird ... merkt man erst ziemlich spät. Viele gar nicht.

Bei mir war es zum Beispiel, dass ich dachte, dass diese eine Erfolgsstrategie uns zwar zu einem Millionen-Business geführt hat, aber dass das ja sicherlich nicht zu einem Multi-Multi-Multi-Millionen-Business »reichen« kann. Da braucht's dann schon ein bisschen mehr. So leicht kann's ja dann nun wirklich nicht gehen ...

ODER?!

Simone und ich kennen uns schon seit wir 15 Jahre alt waren. Simone hat bei mir im Nachbarort im wohl behüteten Schwabenland gewohnt und wir besuchten denselben Jungendkreis. Und ja, sie war tatsächlich damals schon so rebellisch. Im Gegensatz zu mir. Ich war »konform«. Ein besseres Wort gibt es nicht, um mein damaliges Ich zu beschreiben. Ich hatte definitiv einen Bausparvertrag. »Selbstständig« machten sich in meiner Welt nur Träumer und Verrückte. SICHERHEIT ist wichtig. Und spießig sein? Jaaaa!!! Großartig, oder?! Nehm ich!

Tja ... erstens kommt es anders ... und zweitens besser, als man denkt!

Nach unserer gemeinsamen Jungscharzeit verloren wir uns zwar nie aus den Augen, aber der Kontakt war sehr sporadisch. So alle drei bis fünf Jahre. Das aber dafür immerhin regelmäßig.

Und anscheinend war es im November 2022 mal wieder so weit.

Nach dem gefühlt dunkelsten Jahr meines Lebens und definitiv meines Business war ich gerade mit dem Zug nach Berlin unterwegs, als mir – durch »Zufall« – Simone einfiel. Ich hatte ihr vor einem Jahr zur Geburt ihres dritten Sohnes gratuliert und irgendwie mitbekommen, dass sie jetzt in Konstanz in ein super cooles Haus umzieht.

Einfach mal fragen, ob der Umzug schon durch ist ... und wie das Business so läuft?

Kennst du das – dass man sich so unterbewusst manchmal selbst kasteit? Es geht einem eh schon dreckig und dann fragt man auch noch mal jemand anderen (von dem man weiß ... oder zumindest ahnt, dass dem gerade die Sonne aus dem Po scheint), wie's denn so geht ...

Wieso macht man das???

Und was kam als Antwort? »Ja, Umzug ist fertig. Die zwei Monate Karibik mit den drei Kids waren großartig und Business läuft mega! Arbeite nur so 10 bis 15 Stunden und kratze gerade schon an der Viertelmillion Umsatz dieses Jahr.«

Bitte was?

Ich komme von einer 70-bis-80-Stunden-Woche, trage einen A* voll Verantwortung, wir machen zwar immer noch Millionen, haben aber auch Millionen an Kosten und ... wann war ich eigentlich das letzte Mal im Urlaub??

Ich bekomme zwar ein ultrageiles Geschäftsführergehalt, aber ... die macht mit 10 bis 15 Stunden mehr als ICH?

Ich war hin- und hergerissen zwischen einem ...

»Wow! Das freut mich total für dich! Bei uns läuft's auch meeeega ...« (um das Gespräch so schnell wie möglich wieder abzuwürgen und mir bloß nichts anmerken zu lassen. Da hätte das Selbstkasteien definitiv 1 a gewirkt).

UND einem:

»Ich brauche diese Frau in meinem Unternehmen! Und zwar sofort!!!«

Zum Glück hatte ich mein Ego im Griff und habe mich für Variante 2 entschieden. Aber wir kriegt man jemanden, der in so einem warmen, weichen »Ich mache mehr als 250.000 Euro mit 10 Stunden die Woche«-Nest sitzt?

Okay – mit NOCH größeren Zielen! Und damit, nur noch die absoluten Lieblings- und Kernkompetenzen ausleben zu können und alles andere macht jemand anderes.

Gesagt, getan! Wie viele WhatsApp-Nachrichten kann man wohl an einem Tag austauschen? Simone und ich haben es zu der Zeit ganz sicher getoppt und die Leitung zum Universum glühte! Von Anfang an passte einfach eins zum anderen und genau die Dinge, die ich LIEBE, waren für Simone ein nötiges Übel ... und andersrum. Es war schon fast irritierend ... Wie diese grinsenden Zwillinge aus Simones Werbeprospekt liefen wir die kommenden Wochen durch die Gegend.

Und dann ging's los! Am 01.01.2023.

»Millionärin von nebenan« ist spätestens ab jetzt keine eine Person mehr (obwohl das bis dahin viele mir als Person zuge-schrieben hatten, war es das für mich selbst schon lange nicht mehr), sondern eine Lebenseinstellung. Etwas, das jeder, der es will, erreichen kann. Und Simone und ich haben es mit der ge-nau gleichen Erfolgsformel erreicht.

Apropos Erfolgsformel – kaum hatten wir unsere beiden Un-ternehmen zusammengeführt, ist Simone mit dem Rotstift durch-gegangen! Alles, radikal ALLES, was »Beschäftigung« war (Ins-tagram, E-Mail-Marketing, LinkedIn, ...), was »Leistungsmuster« waren (»Nur, wenn ich viel leiste, habe ich es auch verdient!«), was von unserem und dem Erfolg der Kunden ablenkte (aufgeblasene Mitgliederbereiche, zig Calls die Woche ...), wurde GESTRICHEN!

Und wir hatten weniger zu tun ... und weniger zu tun ... und weniger zu tun ... Es gab auf einmal Wochen, in denen ich GAR NICHTS MEHR zu tun hatte. Gleichzeitig kamen immer mehr Kunden ... und mehr Kunden ... und mehr Kunden. Und sie blieben. Und hatten bessere Ergebnisse als je zuvor und Erfolge über Erfolge.

Simone und ich haben es bei »Millionärin von nebenan« perfekt aufgeteilt: Obwohl wir beide alle erfolgsrelevanten Bereiche in Perfektion beherrschen, haben wir es nach unseren Lieblingsgebieten aufgeteilt: Simone die intensive und transformierende Arbeit im Unterbewusstsein, die 95 Prozent des Erfolgs ausmacht. Mit ihrer etwas leiseren, empathischen und gleichzeitig sehr klaren und unmissverständlichen Art.

Und ich die Details in Marketing, Kundengewinnung und Kaufpsychologie – also die 5 Prozent, die das ganze Geld, das auf dich wartet, vom Kopf aufs Konto bringen! Mit Humor, einer ordentlichen Prise liebevoller Strenge und maximalem Umsetzungstempo. Also von allem die perfekte Mischung.

Wir – und ich aus sehr leidvoller Erfahrung noch einmal mehr – wissen, dass es manchmal die größte Herausforderung ist, WENIGER zu machen. Beziehungsweise nicht einfach nur wenig(er), sondern sich zu fokussieren und ausschließlich das zu machen, was funktioniert und konvertiert. Sowohl im Kopf als auch in der Strategie.

Und selbst wenn man es – wie ich – schon mal zur Millionärin mit ein paar Stunden die Woche geschafft hat, ist man offensichtlich nicht davor gefeit, doch noch einmal zu glauben, VIEL leisten zu müssen, um sich das zu verdienen. Was MAN eben so macht ...

Außer man hält sich eben doch an unsere Erfolgsformel. Und zwar dauerhaft.

Der Erfolg gibt uns Recht.

Auf uns.

Auf ganz viele weitere Millionärinnen von nebenan.

Und: Auf dass DU – liebe Leserin – die nächste Millionärin von nebenan wirst.

Deine Stephanie

DANKSAGUNGEN

Ich möchte mich erstmal bei Dir bedanken. Danke, dass du mir deine wertvolle Zeit und dein Vertrauen geschenkt hast. Ich wünsche dir, dass dieses Buch dir ganz viele neue Perspektiven gegeben und so einiges neu sortiert hat.

Für mich beinhaltet dieses Buch die Essenz meines Erfolgsweges und es ist mir ein großes Anliegen, dich zu inspirieren und dir Mut zu machen. Also DANKE, dass du dich auf diese Reise eingelassen hast und nun voller Tatendrang das Gelesene umsetzt.

Danke an meine drei zauberhaften Kinder Samuel, Joshua und Jacob, die mein größter Motivator sind, mein stetiger Spiegel und mein großes Lernfeld. Ihr habt mein Leben verändert, unermesslich bereichert und ich hoffe, dass ihr irgendwann dieses Buch aus eurem verstaubten Regal holt und stolz euren eigenen Kindern zeigt: »Das hat meine Mama geschrieben!«

Danke an Tim, ohne deinen Glauben an mich und die Unterstützung und Sicherheit, die du mir damit immer wieder gegeben hast, wäre ich heute nicht da, wo ich jetzt bin. Ich bin unendlich dankbar, einen Menschen wie dich an meiner Seite zu haben, der meine Träume und Visionen teilt, mich fordert und mir gleichzeitig innere Ruhe gibt. Du bist der großartigste Mann und Papa unserer Kinder, den man sich wünschen kann. Ich liebe dich. Danke, dass du da bist.

Danke an meine Geschwister Sabine und Chris, die für mich der Inbegriff von Verbundenheit sind, mich auf meinem Weg unterstützten, hinterfragten und bewunderten zugleich.

Danke an meine Eltern, die einfach immer für mich und meine Familie da sind und jahrelang mit mir durch die deutsche Theaterlandschaft gereist sind. Danke für eure Unterstützung!

Danke an André für zwölf großartige Jahre gemeinsamen Vagabundenlebens und tolle Theaterprojekte.

Danke an Stephanie, die mir durch ihr Vorangehen eine ganz neue Welt gezeigt hat, heute meine Sparring Partnerin ist und wundervolles Perfect Match. Ich liebe unsere gemeinsame Arbeit voller Begeisterung und Geschwindigkeit und wie wir uns ergänzen, neue Ideen spinnen und uns gegenseitig auch wieder erden. Ich freue mich auf alles, was noch kommt!

Danke an Vicky, meine Seelenschwester und Freundin, und das ganze Team der Goldbunt GmbH. Ihr seid einfach umwerfend in eurer Arbeit, eurer Umsetzungsgeschwindigkeit und eurer Liebe zum Unternehmen. Danke für alles, was ihr im Hintergrund zaubert.

Danke an alle unsere Kunden, deren Leben wir verändern dürfen und die nun auch Vorbilder sind und so viel Großartiges in die Welt tragen. Ohne euer Vertrauen können wir nicht solch eine großartige Arbeit machen. Danke dafür!

Und zuletzt möchte ich mich noch bei mir selbst bedanken. DANKE, DANKE, DANKE, dass ich so hartnäckig und rebellisch so lange drangeblieben bin, bis ich MEINE Lösung hatte. Dass ich mich immer wieder neu mutig aus der Komfortzone bewegt habe, weil mein Wille und meine Entschlossenheit so groß waren, all das zu erreichen, was ich heute habe. Ich bin unfassbar stolz, was ich alles geschaffen habe, und mit welcher Empathie und Zugewandtheit ich heute mit unseren Kunden arbeiten kann. Weil ich den Weg selbst gegangen bin. Es ist mir ein echtes Herzensanliegen, anderen Mamas diesen Erfolgsweg beizubringen und Familien im wahrsten Sinne des Wortes zu bereichern.

Danke. Von Herzen – DANKE.

ANMERKUNGEN

1 Milz, Helga (1994): Frauenbewusstsein und Soziologie, Opladen, Lesbe und Budrich, Seite 177ff

2 Hockling, Sabine, Wir sind auf Fehler fokussiert (15.08.2015), in Zeit Online, https://www.zeit.de/karriere/beruf/2015-08/positives-denken-karriere-job (Stand 11.01.2024)

3 Häusel, Hans-Georg (2016): Brain View: Warum Kunden kaufen, 4. Auflage, Freiburg, Haufe Gruppe, S. 228

4 Ersch, Christina Maria / Grein, Marion (2021): Multikodalität und Digitales Lehren und Lernen, Berlin, Frank & Timme Verlag, S. 10

5 Schlafexperte Prof.Dr.med.h.c. Günther W.Amann-Jennson: Gehirnwellen: Beta, Alpha, Theta, Delta, (27.01.2023), https://www.einfach-gesund-schlafen.com/gesund-schlafen/gehirnwellen-beta-alpha-theta-delta (Stand 18.01.2024)

6 F. Mongan, Marie (2018): Hypnobirthing: Der natürliche Weg zu einer sicheren, sanften und leichten Geburt, 6.Auflage, Murnau am Staffelsee, Mankau Verlag

7 F. Mongan, Marie (2018): Hypnobirthing: Der natürliche Weg zu einer sicheren, sanften und leichten Geburt, 6.Auflage, Murnau am Staffelsee, Mankau Verlag, S. 226

8 Norman A. S. Farb, Zindel V. Segal, Helen Mayberg, Jim Bean, Deborah McKeon, Zainab Fatima, Adam K. Anderson: Social Cognitive and Affective Neuroscience, Volume 2, Issue 4 (12/2007), in: https://doi.org/10.1093/scan/nsm030 (Stand 13.01.2024)

oder

Lazar, Sara (2012): Die neurowissenschaftliche Erforschung der Meditation. In: Zimmermann, Michael; Spitz, Christof; Schmidt, Stefan (Hrsg.): Achtsamkeit. Ein buddhistisches Konzept erobert die Wissenschaft. 1. Auflage. Bern, Huber, Hogrefe AG. S. 71ff

9   Kairies, Klaus/ Schrott, Ernst (2000): Transzendenz – Basis für Kreativität im Management- eine Betrachtung im Lichte der Stress- und Meditationsforschung, Hannover, Hochschule Hannover, S. 28ff

10 Jäncke, Lutz: Selbst ist das Hirn, in: Spektrum der Wissenschaft kompakt, 9/20, 9.3.2020, S. 4 ff

11 Kimberley, Teresa Jacobson et al. (2010): Comparison of amounts and types of practice during rehabilitation for traumatic brain injury and stroke, in: Journal of Rehabilitation Research & Development, Volume 47, Number 9, Baltimore (USA), Veterans Administration, Department of Medicine and Surgery, Rehabilitation R & D Service, S. 851–862

12 Herculano-Houzel, Suzana (2009): The Human Brain in Numbers: A Linearly Scaled-up Primate Brain, Table 2, in: Frontiers in Human Neuroscience 3, S. 1-11; Barton, Robert & Venditti, Chris (2013): Human frontal lobes are not relatively large. Proceedings of the National Academy of Sciences, USA 110, S. 9001-9006

13 Oehler, Jochen (2010): Der Mensch – Evolution, Natur und Kultur, Heidelberg. Springer Berlin Heidelberg, S. 2

14 Strunz, Ulrich (2016): Strategien der Selbstheilung. Die sieben Schritte zur Gesundheit, München, Wilhelm Heyne Verlag

15 Fredrickson, B. L. (2001): The role of positive emotions in positive psychology: The broaden-and-build theory of positive emotions, in: American Psychologist, 56 (3), 218-226.

16 Csikszentmihalyi, M. (2017). Flow. Das Geheimnis des Glücks. Stuttgart, Klett-Cotta. 464 Seiten

17 Manuela Tschida-Swoboda, Was Einstein und co. nie gesagt haben (2023), https://www.kleinezeitung.at/kultur/17750811/was-einstein-und-co-nie-gesagt-haben (Stand 13.01.2024)

18 James, William (1890): The principles of psychology. Band 1, Macmillan, London, Henry Holt, New York

19 Ripple-Effekt: übersetzt bedeutet das Kettenreaktion: ein kleiner Auslöser, der immer weitere Kreise (Wellen= ripple) zieht, ähnlich einem Stein, der ins Wasser geworfen wird und Wellen auslöst, Long, Norman (2001): Development sociology. Actor perspectives. Routledge. London. 312 Seiten

20 Batra, A., Buchkremer, G. & Wassmann, R. (2000): Verhaltenstherapie – Grundlagen, Methoden, Anwendungsgebiete. Leipzig, Georg Thieme Verlag, Seite 78

21 Pohl, R.F. (2004): Cognitive Illusions. Psychology Press. S. 79ff.

22 Self-fulfilling Prophecy (engl.) = sich selbst erfüllende Prophezeiung, Der Begriff geht auf die Soziologen Dorothy Swaine Thomas und William Isaac Thomas (Stangl, 2024). Weitere Informationen u.a. in Merton, Robert K.: The self-fulfilling prophecy. In: The Antioch Review. Band 8, 1948, S. 193–210.

23 Der Satz geht auf Paul Watzlawik zurück: Watzlawick, P. (2016). Man kann nicht nicht kommunizieren: Das Lesebuch. Göttingen, Hogrefe Verlag, S. 13ff.

24 Marktforschung.de, FOMO, Stress und finanzielle Sicherheit (2023), https://www.marktforschung.de/marktforschung/a/fomo/ (Stand 13.01.2024)

25 Spektrum der Wissenschaft kompakt, 9/20, Neuroplastizität: Formbares Gehirn, Seite 6 ff.

26 Lindau, Veit (2019): Werde verrückt – Wie du bekommst, was du wirklich-wirklich willst, 3.Auflage, München, Goldmann Verlag, S.192ff

PLATZ FÜR DEINE NOTIZEN

Millionärin von nebenan – Wie erfüllt UND finanziell erfolgreich geht – als Frau, Unternehmerin und Mutter

Stephanie Raiser

Du willst Mutter sein und arbeiten, ohne dich dabei schlecht zu fühlen? Für deine Familie da sein, aber auch eine sinnvolle Arbeit mit Mehrwert haben und erfolgreich sein? Die gute Nachricht: Es ist okay, mehr zu wollen als ein Durchschnittsdasein mit dem Gefühl, das eigene Potenzial nicht voll auszuschöpfen. Wer weiß das besser als Stephanie Raiser, die bewiesen hat, dass es möglich ist, das Denken über Geld, Business und Familie zu verändern und einen Millionenerfolg aufzubauen. Sie erzählt, wie sie es geschafft hat von einer unscheinbaren Heilpraktikerin mit Aversionen gegen das Verkaufen hin zu einer der gefragtesten Expertinnen zum Thema Geld, Erfolg und Kundengewinnung – und gleichzeitig ein ganz neues, unkompliziertes Bild von Familie und Beruf zu leben. Zudem gibt sie dir den Werkzeugkasten für dein neues Leben gleich mit an die Hand mit wertvollen Übungen und Perspektivwechseln direkt zum Umsetzen.

Softcover, 272 Seiten, 18,99 € (D), ISBN 978-3959724395